CEIBS | 中欧经管图书

先知后行
知行合一
中欧经管
价值典范

CEIBS | 中欧经管图书

都市行者

——穿越人生的线路图

THE SUITED MONK®

[比] 白瑞夫（Raf Adams） 著
郑晗 译

复旦大學出版社

赞誉之辞

《都市行者》是一本永远都不会过时的书。白瑞夫的讲述与众不同、平实易懂，对传统精神文化中蕴藏的“真理”进行了提炼，取其精华，以应用到当今社会。对于修炼于都市中的“行者”来说，这是他们在“人生之旅”中必读的一本书。

——马修·查普尔
美赞臣营养品公司大中华区高级副总裁

在生命中的某个阶段，我们总免不了会遇到十字路口——或者在职业生涯中，或者在个人生活中。这将为我们带来巨大的挑战与不确定性。面临这样的挑战时，白瑞夫写的这本书提供了清晰的思路、为我们指明了方向、增强了我们的信心。对于正在人生旅程中寻求方向、探索使命、希望人生丰满的人来说，这是一本值得推荐的书。

——杰里米·萨金特
广东英国商会主席

读这本书就像“都市行者”在与你“交谈”。本书以一种娓娓动听的对话方式，剖析了寻找人生目标这一重大主题，并将其分解为简单易行的步骤。白瑞夫的人生之旅模型取材于他本人以及工作坊听众的丰富经历（并且是真实的经历），因而更有效、更有说服力。

——瑞克塔·普罗萨德
联合利华大中华区人力资源总监

目　录

致　谢

借此机会，我想感谢很多为本书作出重大贡献的人。本书得以成稿，他们的反馈、支持和宝贵意见有着不可或缺的作用。

感谢我的导师麦克·汤普森博士(Dr. Mike Thompson)。同时，他也是我的朋友和业务合作伙伴。他是一位很好的顾问，为本书提出了很多新的见解。

感谢弥迦书·汤普森(Micah Thompson)先生，他在本书的最终编辑和校对方面做了大量的工作。

感谢裘德·伯曼(Jude Berman)先生，他为本书的编辑提供了很多有益的指导，使本书得以改善。

感谢参加我工作坊的人们，我从他们身上获益良多。在他们的帮助下，本书得以呈现给读者。能够认识你们，与你们一起创作，我深感荣幸。

我想特别感谢陈伟理先生(Jeff Tan)。关于本书，他提出了很有价值的见解。确切地说，没有他，本书将不可能完善为现在的形式。

最后，再多的言语也无法表达我对爱人朴卿和(Grace Park)的谢意。在写作本书的整个过程中，她给予我最大的支持——不断地推敲、反馈每个细节，正如她一如既往地陪伴我的人生之旅。

最重要的是，我要感谢你——我的读者，帮助我延展到一个更广阔的网络，传递一个我认为属于整个世界的信息。

本书虽然经过以上诸位和我的不懈努力，但仍不免有错漏之处，或有些观念不能引起读者共鸣。对于前者，我谨在此表示歉意；对于后者，敬请读者保留引起共鸣的观点而摒弃不适合您的观点。

序 言

迈克·汤普森
中欧国际工商学院管理行为学教授

我时常想，一个人定义他性格的最佳方式是在其最深刻地感受到自己、最有活力时，找到其特定的精神或道德取向。在这样的时刻，内心会有一个声音告诉他，"这就是真正的自己。"

摘自威廉·詹姆斯(William James)《威廉·詹姆斯信札》(*The Letters of William James*)①

很久以来，我将人生视为一段旅程。其中，人们将穿越各种挑战，经历各个独特阶段的欢乐和憧憬。我们独特的人生阶段都是选择的结果，这是必然的。我们的选择受到各方面的限制，比如自己的本身的资质，对财产安全感的要求，以及身边重要的人对我们的期

① James W., *The Letters of William James Vols 1 and 2*, Boston: The Atlantic Monthly Press, 1920.

望。另一方面，我们对于自己的了解，我们的性格，以及我们如何评价、应用自己的能力和潜质，这些都将起到更加关键的作用。当然，一路上会有很多绊脚石，但生命的希望在于我们能够不断学习，不断成长，直至最终收获生命的“丰满”——我们独特的人格和才能。我知道，“丰满”并不是一个正式的说法，然而，这似乎是我能想到的最贴切的词语，用以表达一个不懈实践生命美德的人所能享有的完满。无论是在家里，在社区关系中，还是在更广阔的天地中担任其他角色，他们都能够感受到美好生活所带来的欢欣和喜悦。“丰满”来自真实的自我——“真我”的率真表达。在“丰满”这种生存状态中，我们将找到生命的意义、使命和快乐。

然而，我们怎样才能达到“丰满”的状态？看看你手里拿着的这本《都市行者》(*The Suited Monk*)，它通俗易懂，却蕴含着深刻的道理。这本书传递着清晰而强烈的信息：生命的意义、使命和幸福是可以实现的。在过去的三年里，白瑞夫亲身体验了某种生活方式，帮助他在世事变迁中保持正确的航向，妥善处理生活中的种种不如意，领略内心“真我”(inner self)的丰富见解。内心“真我”经常隐藏在白瑞夫所说的“外在世界”里——这是我们所着眼的世界，而白瑞夫认为它并不能为我们带来持久的幸福。“自我”(ego)告诉我们，在外在世界获得财富和地位，我们就会满足。然而，白瑞夫却指出，从外在世界中所获取的财富和地位并不能完全满足“自我”，一旦当“自我”意识到这一点时，实现愿望的满足感将消失无踪，取而代之的是怅然若失。“既然外在的成功最终并未能带来我们所企求的满足感，那么，为什么芸芸众生仍在孜孜以求?”这是白瑞夫在《都市行者》一书中所提出的诸多疑问之一。通过很多诸如此类的质疑和宣言，《都市行者》所传达的信息在轻轻叩问着我们早已习以为常的理性唯物思考模式和世界观。

《都市行者》主张心灵上的默契，白瑞夫称之为来自“宇宙”的指引和洞察力——它是一种无所不在的连接着我们内心“真我”的力量，只要我们能够用心辨识就能发现，它在人生的旅途中不断给予我们各种各样的提示和见解。虽然白瑞夫把“宇宙”定义为一种力量——可以称为“神”或一种更神秘的力量，但他并没有涉及宗教或哲学层面的探讨。同时，他承认存在着一种能量，能够帮助我们过上有意义、目标明确、幸福快乐的生活。例如，我们可以把意外的事件诠释为来自“宇宙”的信息，它提醒我们需要作出改变。但“自我”可能会因为害怕改变而排斥“宇宙”发送给我们的信息，甚至根本就无法领会这样的信息。明辨信息，静观周围，适应环境，然后再做选择和决定，这是一种既令人激动而又难免存在风险的生活方式。

当白瑞夫第一次向我讲述他的故事以及他的发

现——听从内心(内在的“真我”),发掘内心世界,而不只是顺应外在世界时,我开始了解自己曾经有过的独特感觉和领悟。例如,我记得,2008 年 10 月,在从上海飞往伦敦的飞机上,我内心产生了强烈的感应,似乎能看到未来的景象,隐约中似乎还有声音在召唤,让我迁移到上海——而从来没有人向我发出过邀请!这个预感是如此强烈,使我很讶异。然而,我对未来却没有忧惧。上海根本不在我的考虑或计划中,但我没有放弃这灵光一现,而是试着进一步探究它的可能性,和家人、朋友讨论这一想法,权衡各方面的利弊。在接下来的四个月里,在我最终决定前往上海之前,我睁大内心的“眼睛”,留意周围出现的事件和机会。关于上海的计划由此逐渐清晰。在此之前,我也曾经有过类似的直觉,并相应采取行动,虽然每次都会有一大堆理由阻挡着我——大多数情况下,是担心会出什么差池,或长期失去保障(或许还有社会地位)。

或许你也曾经有过这样的直觉,并且听从内心的“真我”采取行动,而没有被外在世界推着走。《都市行者》将帮助你解读这样的情景。《都市行者》可以帮助我们更敏感地捕捉来自“宇宙”的信息和提示。在本书中,“宇宙”表示以某种方式来到我们身边的能量和视觉。理解无形的事物是一种信仰,面临不确定或无法用理性来解释的情况时,我们经常要借助于这种方式。虽然白瑞夫极力避免涉足具体的宗教派别,或许,由于信仰的存在,我们才有可能成为神圣慈爱的生灵。很多神经科学和心理学在意识和自我认同领域的研究表明,人类体验的某些维度很难有合理的解释,但相对而言,人们却更容易对它们进行观察和描述。信仰是非理性的,而且是非常个性的解读,它超越了科学探索的范围。信仰触及内心,戏弄着理智。

白瑞夫诚实地描述了早期的痛苦和挫败感,以及他在努力维系高尚职业生涯的同时,内心感到的空虚和深层次的忧伤。然而,随着他开始聆听内心的声音,掌管自己的命运,生活发生了深刻的转变。这就是《都市行者》一书的由来。白瑞夫是杰出不凡的——他有清晰的思路和观点,并且他希望能对人们的生命之旅有所帮助,这是促成他写作本书的动力。两年前,我第一次见到他,得以了解他对于人类以及世界的殷切心意,并与他共度人生中的一段旅程,对此我深感荣幸。白瑞夫提出的观点是如此坚定,不容置疑,可能有人会批评他目空一切。但我个人认为,白瑞夫其实很谦逊,他只是热切地想和大家分享他的经历和见解。

在白瑞夫看来,只有在内心世界里,我们才能找到幸福、欢欣、爱、极乐、人生使命和心灵的觉悟。他想和整个世界分享这个信息。我相信,很多人已经在体验着这样的生活。我最近访问了那沃塔斯市(Navotas City)的贫困地区,它位于菲律宾的首都马尼拉。在那里,我可以清楚地看到这种现象。虽然空间有限，人口密集，通道狭窄——有些甚至延伸到海里，但人们仍然过着井然有序、幸福快乐的生活。很显然，他们每天都必须努力奋斗，才能勉强维持生计；然而，每个人都很友好，脸上带着微笑。孩子们无忧无虑地玩耍，老人们看护着孩子，街上见不到乞丐。在很多人眼里，这种状况堪称不幸，而我却亲眼见证了一个快乐的社区，并被深深地触动了。也许，那沃塔斯市的人们内心珍藏着快乐生活的灵丹妙药，根本不在乎外在世界的艰辛？

一直以来，很多思想流派都曾经提及这种生活方式。而现在，白瑞夫基于亲身经历重新解读这种理念，令它显得更生动。他找到了一种全新的生活方式，使他心中每天都充满快乐，虽然生活在都市中，免不了有很多实实在在的物质上的压力。但是人类从未停止过探索更好的生活方式，本书就是一个绝佳的答案，它可以指引我们找到内心的平静，过着和谐的生活，改变社会运作的方式——包括社会结构、商业世界、教育体系、卫生保健、发展中国家、保护和管理地球资源等各个层面。当我们开始意识到自己可能实现的未来和培养的品格时，我们就会知道，最神奇的改变来自内心。正如列夫·托尔斯泰所说的：

> 唯一永恒的变革是精神上的变革，即内在人格

的新生。这种变革是如何产生的？没有人知道人性如何演变，但每个人都能清楚地感觉到自身的变化。然而，当今社会的每个人都在想着如何改变人性，却从未想到改变自己[①]。

如果你想改变自己，改变人生之旅，请继续阅读本书……

迈克·汤普森(Mike Thompson)
2012年1月于上海

① Leo Tolstoy, "Three Methods of Reform" in *Pamphlets*, translated from the Russian (1900) as translated by Aylmer Maude in Redfern P., *Tolstoy: A Study*, London: A. C. Fifield, 1907, p. 100.

第一章 寻找人生的意义、目标与幸福

今天，我的生活与几年前相比，已经大不一样。回顾我的成长历程，我过得并不怎么快乐。我并未成长于一个充满爱意的环境。长大成人后，工作亦未能成为快乐的源泉，反而将我置于追求成功的无尽压力中。我发现自己难以与他人建立良好的关系。虽然我努力融入周围的社会，却常常白费工夫。二十七年来，我的内心充满挣扎，常常感到不满足、沮丧和自我怀疑。负面情绪成了生活的主旋律。说得不好听些，我活得相当痛苦。

几年前，一切发生了改变，生活终于变得柳暗花明。不到三年的时间，我有幸找到真爱，以及全新的生活目标和意义。每一天,快乐都伴随着我,我感到生命的圆满丰盈。至于这个转变是怎样发生的,我将在下一章里详细地告诉你。现在,让我简单地把它描述为生命的一个急转弯,它使我实实在在地活在当下,把生命的每一刻都变成真正有意义的历程。其实,很简单,我只做我心里觉得合适的事情。因此,我每时每刻都能感受到纯粹的幸福、自在和喜悦。我相信过去和现在发生的一切,都自有缘由。因此,我心中不再有痛苦和恐惧。

你可能会以为我离群索居,独自枯坐于幽幽洞穴中。其实,我每天身着正装,活动在商业圈子中。在享受工作的同时,我感受到精神的圆满。我觉得自己就像一个生活在都市中的"行者"。一方面,我找到内心的安宁平和,领略到很多人以为只能通过全身心的精神修炼才能达到的境界;另一方面,我享受着外界所带来的一切美好与便利。我的生命是完整的,在融入现实世界的同时,领略着精神的圆满。

发现当下的幸福

发生在我身上的转变并非我的专利,其中没有什么不可告人的秘密。它属于我们每个人,是我们作为人类与生俱来的权利。我们可以作为不同的个体存在,同时享受着生活的圆满。我在日常工作中担任培训教练,也举办讲座。我经常发现,很多人想从生命中寻找更多的意义,他们都希望了解自己的内心,与别人相亲相爱。然而,这些人并不了解,要怎样做,才能为自己带来真正心满意足、愉快有意义的生活。他们不知道怎样才能找到答案,解答自己认为最重要、最有意义的问题。

最近,有一位曾经参加过我讲座的学员,介绍我认识了一位四十五岁的商人。我们在一起喝了杯咖啡。这位男士事业有成、仪表出众、魅力非凡、思维敏捷。但当他打开心扉,向我袒露他的状况时,他的眼中却泛着泪光。看得出,在他坚强的外表下,潜藏着绝望的忧伤。虽然,在别人眼里,他的生活无忧、事业成功,而实际上,他已经处在濒临崩溃的边缘。他觉得自己马上就要垮掉,失去一切。同样的事例并不少见。我看到周围很多人都有同样的疑虑,如同感染了同一种流行病。因此,我决定毫无保留地向大家讲述我的亲身经历和感悟。如果你愿意悉心聆听,我相信你将和我一样,都能找到持久的快乐。我邀请你探索内心的自己、真正的自己,找到生命的快乐、目的和意义。换句话说,找到深藏于自己内心的"修行者"。

我们的思维倾向于让外在世界过多地影响自己,然而,在外在世界中,却没有任何一件东西能为我们带来持久的幸福。我们唯一能完全确定的是,外在世界在不断改变。别忘了,一场突发的地震,能把一切夷为平地;挚友和爱人可能会离世,或者突然从我们的生活中消失。

最近,我的一位客户告诉我说,他的妻子在共同生活二十五年后,突然离他而去。他的原话是,“我原以为这种事情可能会发生在其他任何人身上,唯独不可能发生在我身上。”说不出为什么,他以为自己能远离变故,但事实上,任何依存于外在人、事、物的快乐,都可能在转瞬间消失无踪。

当我们相信外在的某项事物能为我们带来快乐时,我们很自然地希望拥有它,从而得到快乐。如果我们的快乐源自周围的环境,一旦其中某些方面发生改变,我们的情绪便会受到影响——可能变得更好,也可能变得更差。我们必须有所改变。我们不能再像从前一样,总是盯着外在世界,我们应该增加认知,倾听发自内心的声音。当我们开始这样做的时候,便已开启了通向快乐的大门。我们将会说:“不管周围发生了什么事情,我都会愉悦地做自己,内心时时感到充实。”从这个角度看待事物,我们将会生活在自己的内心世界中。我们可以随时随地体验这种存在于内心的状态,它不会受到周边环境的影响。而且,这种体验不仅发生在当下,也延续到以后的每时每刻。

在本书中,我将告诉你,我如何不知不觉地进入这种生活状态,你又如何才能做到。如果你希望自己的人生也能进入这种状态,那么,你应该有兴趣阅读本书。

通常,我们把世界当作需要去抗争、征服、操控的对象，以为这样才能满足我们的真正需求。但是，即便是我们已经获得成功，取得了辉煌的成绩——获得人人青睐的晋升机会，找到理想的伴侣，或者获得无穷的财富——但很快我们会发现自己又在开始追逐下一个目标。曾经让我们快乐的事物，现在只不过是快乐的模糊背影。刚沉浸在“太好啦，我终于得到啦”的欢呼中，转念我们已经在想：“接下来，我还能得到什么？”永远只有更多、更大、更好、更杰出、更宏伟、更奢华、更完美、更安逸、更魅力四射。但这些又将把我们引向何方？我们相信，如果我们穷尽有生之年，不懈地追求成功，坚守、把握住取得的成就，那么，它们必定能够为我们带来幸福，就像累计的积分。我们心里想：“我们需要做的，就是抛开不切实际的梦想，努力工作、奋斗，集中精力取得某项具体的收益。”但我们又怎么能肯定，这些我们孜孜以求的外在事物最终能够为自己带来幸福？也许能，也许不能，其实我们无法肯定。

除了当前一刻，还能有什么东西，我们能够有绝对、完全的把握？

如何通过本书获得最多的收获

人类自出现在地球上，使开始了进化。知识和学问代代相传。有时候，它们会失传数十年甚至数百年，但经历了很多代人以后，它们又会再次出现。今天，越来越多的人已经开始意识到，除了日常所见所闻，生命还有着更多的内涵。我们将学习怎样通过内在的眼睛——即我们的心和直觉——来指引我们的生活，并与广阔的世界联为整体。虽然这种能力对于我们的远祖来说并不陌生，并且仍然广泛存在于很多传统的文化中，然而，我们很多近代的祖先对此却茫然无知。

相信一些我们看不到的"存在"，探索内心，发现自我，是本书的要义。本书希望帮助读者发现自己的内心世界，找到自己潜藏于心底的"修行者"。在内心世界中，我们会找到幸福、快乐、爱、极乐、生命的意义和精神的觉悟。本书是献给你的礼物。它将为你的人生之旅提供指导和建议。本书的理念来源于世界最伟大的精神传统和先知的集体智慧，并结合本人的亲身体验。我曾行走于内外两个世界中。我改变了自己的生活，使内心世界和外在世界合而为一。我创办自己的企业，担任高级培训教练，举行公开课，组织公司研讨会，帮助别人体验工作和生活中的快乐、意义和目的。我帮助他们从外在世界走进内心世界，以找到真爱、解决内心的纠葛、体验精神的觉悟。

不管你是一名公司职员，还是会计师、警察、律师或教师，你都可以找到快乐、幸福和真爱。本书中所有深刻的领悟和思索，都是为了达致快乐、宁静、完整的生活状态。而你完全可以拥有这样的生活状态，这是我们身为人类的权利。本书中提及的很多真理都并非文字所能表达，因此很多理念本身并不是结论，而只是抛砖引玉，指引你通向仅存于你内心的、专属于你自己的真理。每个章节都会阐明一个主题，引导你在人生之旅中迈开新的一步。展开人生之旅，你的心灵将会觉悟。顺其自然，你将会领受和得到你所需要的，生活得自在而快乐。

在第二章中，我将详细介绍我自己的转变。在第三章中，我将介绍人生之旅模型，直观地呈现人生之旅，对接下来的章节起到提纲挈领的作用。在第四章中，我将详细讨论外在世界，也即我们大部分人目前所认知的世界。在外在世界中，我们不断地从别人或其他事物中寻求满足。同时，我们很大程度上将自己等同为“自我”，这在本质上很容易为我们带来痛苦、不满的情绪。要摆脱“自我”，我们应该首先认清楚，什么不是真正的自己，然后才能发现真正的自己，即“真我”，这是大有帮助的。我们越随波逐流于外在世界，便越觉得内心空虚。我们离真正的自己越来越远，于是越来越感到痛苦烦忧。这便是内外世界的隔离（详见第五章）。第六章将指引你经历精神的觉悟，并重新连接“真我”，你将会了解到，自觉地活在当下是怎样的感觉？当你顺应直觉的指引，以接纳的心态迎接挑战时，又会出现怎样的结果（第七章）？为什么我们会感受到积极或负面的情绪，我们为什么开心，又为什么烦恼(第八章)？真爱的含义、你内心之"道"和你人生的意义又是什么(第九、十章)？

让我们一起开始在工作中、在家里、在自己的内心中体验愉快的人生之旅。你,准备好了吗？

第二章 一切不期而至

我 1979 年 7 月 3 日出生在比利时。我的童年时光是愉快的，充满了欢欣和乐趣。我和“宇宙”（我喜欢用这个词来特指一种更崇高的力量，或称作神）的连接是年少时天然而重要的一部分。我仍然清楚记得六岁时，我和家人围坐在餐桌旁在用餐前诵念祷文的情景。那时候，我梦想成为一位牧师。

我的世界崩溃了

十二岁时，一切都改变了。无忧无虑的快乐逐渐消失，取而代之的是，我觉得生活越来越背。当时我并不清楚许多苦恼来自我自己慢慢展开的个性，我的特性与需求总是与众不同。

我开始意识到自己的爱好和看法与朋友们格格不入。例如，每当我们一群人一起去看电影时，其他人都想看某一部影片，唯独我想看的跟别人不一样。这种情况时有发生，而我总是用同样的方式应付，我不想在别人眼里显得古怪。我希望被大伙儿接受，因此我没有说出自己的想法，只是迎合大家做了他们都想做的事情。这种为了融入朋友圈子或周围社会的努力在当时是奏效的，但是代价却很沉重——我变得很消沉。我经常连续数日躲在卧室里哭泣，感到彻头彻尾的孤单；我无法融入别人的圈子，总之就是很悲惨。我相信这种痛苦的状态就是我的生活方式：它已经成了我的生存现实。

过了一段时间，父亲注意到我经常独自待在自己的房间里。有一天，他走进来问我，“怎么啦？你哭什么？”我什么也说不出来。最后我实在控制不了自己的情绪，大叫起来，“我需要你时，你从来不在我身边！”父亲马上一言不发地走开了。他的反应加剧了我当时的感觉：寂寞、孤独、内心完全虚空。我很悲伤，对生活不再抱有任何希望。尤其使我痛苦的是，我无法再得到父亲的爱和指引。在我十九岁时，他和母亲离婚了，情况变得更糟糕。我非常愤怒，之后长达八年，我没跟他说过一句话。

压力不断积聚

十八岁时，我开始了认真的初恋。女朋友为我带来渴望已久的安全感。然而，这段关系并不健康。在接下来的三年里，我发现自己精神上处于受虐的状态。我软弱得无力反抗，羞怯不安，没有自信，自我怀疑。女朋友却利用了这些弱点。我想结束这段关系，但她要挟我说，一旦分手，她就会自杀。我觉得陷入绝境。

那时候，如果我和别人交往，我的女朋友就会不高兴，结果我失去了所有的朋友。由于这段混乱的关系，我甚至被迫退学，不再踢足球。要知道，足球可是我青春时代的唯一寄托。

最后，工作为我带来离开女朋友的时间和空间，这正是我所需要的。结束这段关系时，我在精神上、情感上和身体上都处于支离破碎的状态。我没有朋友，父亲也不在身边。虽然母亲对我很关心，但她并不了解我所经历的一切。事实上，我与自己也几乎切断了联系。我不知道我是谁，又将何去何从。行尸走肉的我，没有灵魂。我一片空白，一头扎进一家从事货运的公司。我想，如果我努力工作，受到提拔，跻身于成功人士之列，或许可以战胜自己的悲惨宿命。

玩命地工作使我获得了晋升。我尝到成功的甜头，但并不感到满足。同事们不断敦促我继续学习，开拓更多的业务。我决定利用晚上的时间，参加有关货运的学习班，获取学士学位。我对这个科目并不感兴趣，但我觉得我必须这样做才能够在事业上走得更远，并提升自身的价值。经过乏味痛苦的三年，我终于获得了学位。

在我任职的公司里，工作强度和压力很大，但我立志成为其中的佼佼者。我的决心是如此之大，以至于我完全忽略了自己已处于行将崩溃的边缘。对成功的渴望把我消耗殆尽。有一天，过度加班使我筋疲力尽，突然在办公室里呕吐起来。我马上去看了医生，得知自己患上长期过劳综合征。整整两个星期，我绵软无力地躺在床上，身心疲惫。幸运的是，这种症状没有转化为慢性病。我逐渐恢复后，又回到办公室，继续超长时间的工作，这为自己带来了更多的压力和紧张情绪。周末我从早到晚粘在电脑前。电脑和一位新的女朋友成了转移我注意力的主要方式，所以当时我还没意识到自己的状况有多糟糕。我仍然没有搞清楚我是谁，我想要什么。其实，那并不是真正的恋爱，我和女朋友总聚少离多。

那时我并不知道自己正生活在无意识的状态中，总是渴望得到外在的愉悦与刺激，而竭力回避真正的自己。我通过打电子游戏，或与女朋友做爱来追求感官刺激。虽然我短时间内觉得快乐，但最终内心却变得更空虚。自相矛盾的是，我越追求刺激，当它随后“弃”我而去时，我便觉得越糟糕。我开始想，自杀会不会是我最好的选择。

一个全新的开始

一天，当我仍然处于这种烦扰的精神状态时，我碰到了一位通灵大师。她自称可以洞悉人的性格，甚至能够跟人们已经去世的亲人沟通。她的话震到了我。她说我是个好人。很久以来，我第一次深受感动。听到有人说我是好人，这对我来说简直就是天籁之音。我不敢相信自己的耳朵：我是个好人？从来没有人对我这样说过。这位通灵大师还告诉我，在我三十岁左右，我的生命中会有一些神奇的事情发生。这次邂逅之后，我开始相信自己。第一次，我真实地感受到自我的价值。那时我二十五岁。

不久，我的生活发生了很大的变化。偶然的机会，我碰到了我们公司驻香港办公室的常务董事。他到比利时短期出差。我在办公室的邻街碰到他。我们在一起聊了十分钟后，我告诉他，我想到海外工作。很快，我踏上了去香港的旅途，面试一个在中国工作的职位。

我从布鲁塞尔一踏上飞机，看到亚裔的空乘人员和其他乘客，便意识到这一切正是自己想要的，虽然我过去一直没有意识到。更神奇的是，我未费吹灰之力，这一切就在我的面前像一部画卷一样徐徐展开。我在香港待了一个星期,那时,我感到肩上所有的压力、负担和痛苦都通通卸掉了。我能感受到的只有自由。我再也没有来自家庭、朋友、个人财产的负担,再没有人对我指指点点、评头论足,也再没有人告诉我该何去何从。把一切一切的人和事都抛诸脑后的感觉使我感到自己的强大和自由。我再也不必过那种在比利时的不幸生活了。

我返回比利时后,公司告诉我,我被录用了,两个月内上班。我收拾了行装,飞往中国。在中国,我谁都不认识。我不讲中文,当地人也不讲英语或荷兰语,但我不在乎。我只知道,我自由了。

一年半后,我经历了顿悟的一瞬间,它将永远改变我的内心世界。我的上司建议我多了解、学习如何开发个人领导力,他推荐了一本书。该书作者认为,人们应该学会倾听和了解自己的"本我"。读到这里时,我感到身上发生了一阵悄然的变化。我有意识地开放自我,以接纳"本我"。我马上感觉到,他就在我心里。我跟他说,对不起,二十七年来,我一直忽视了你,对你不理不睬。此后,我哭了几天。有时甚至在办公室里哭,这不是悲伤的眼泪。可以这样说,眼泪表达了我崭新的开放心态。我从多年来的痛苦、挫折和愤怒中解脱了。我再也不需要迎合别人,努力做好别人眼中的我。在此之前,我一直将注意力放在外在世界,从未关注自己的内心。每次痛哭之后，我都感到更加释然。

为了搞清楚这次神奇的经历，我开始研究内心的成长历程。我先是做了一个简短的测试，得知自己按照心理学家伊莱恩·阿伦(Elaine Aron)的定义，属于高度敏感人士(HSP)[①]。高度敏感人士性格内向，神经系统调校得精细入微，能捕捉外界的细微刺激，并据此做出反应。一般人甚至都不会觉察到这种细微的刺激。我还了解到，我符合深蓝孩童(Indigo Child)[②]的特征。深蓝孩童是通灵大师南茜·安·泰普(Nancy Ann Tappe)在19世纪70年代提出的概念[③]，专指某类儿童，他们拥有超常的能力，比如科学无法解释的天赋、高度的同感心和创造力。

我还做了美伊尔斯-博瑞格斯人格类型指南(MBTI)测试[④]，得知自己属于内向直觉感知判断(INFJ)的人格类型。全世界仅有1%的人属于这种类型，怪不得我和别人总是格格不入！原来我的人格类型并不符合社会的标

---

① Elaine Aron, *The Highly Sensitive Person*, New York: Broadway Books, 1997.

② 深蓝孩童，指在新纪元运动中视为拥有某种特殊意志或超自然能力的儿童。

③ Nancy Ann Tappe, *Understanding Your Life through Color*, Carlsbad, CA: Starling Publishers, 1982; Lee Carroll and Jan Tober, *The Indigo Children: The New Kids Have Arrived*, Carlsbad, CA: Hay House 2004.

④ Isabel Briggs Myers, *Gifts Differing: Understanding Personality Type*, Mountain View, CA: Davies-Black Publishing, 1980.

准或预期，但这并不意味着我和别人有着本质上的差异。我们都有相同的本质，只是每个人的表现方式不同而已。

真爱

一天，我在深圳的一个休闲酒吧里碰到一位女士，我们开始交谈，我向她要了电话号码。她的名字叫朴卿和。我们决定在接下来的一个星期里再见面，喝杯咖啡。一开始我对她不太感兴趣。在我们第一次约会结束时，我说，“我得走了，现在是十点半，我该睡觉了。”她说，“真奇怪……我也经常对别人这样说——十点半，我该睡觉了！”

第二次见面时，我们彻夜交谈，直至次日凌晨五点。我发现我们有很多共同爱好，我们处理很多事情的方式简直如出一辙。我跟朴卿和待在一起，感觉好像能够把每天平淡的现实生活全部抛诸脑后。有时候，我们并排躺在床上，一连好几个小时都不说话，只是享受着纯粹的幸福。亲密若此，但这段关系却也并非一帆风顺。

朴卿和比我大六岁。交往之初，她经常提及我们之间的年龄差异。那时候，她在与自己的生活抗争，这种较量随之反映在她对我说的话上。结果，我充满了怀疑，不太确定自己能不能达到她的期望。但我们的关系特别亲密，我知道自己愿意竭尽全力来呵护她。后来，我知道她也想通过这样的方式来考验我。这并没有消减我们之间的爱意。事实上，后来我学会了接纳和释然放手，这对缓解我们之间的冲突起了关键的作用。

朴卿和生活在香港，我则生活在深圳。每天晚上下班后，我都会花一个半小时去看她。我先坐小巴到公交站，然后坐公共汽车到香港边境排队过海关。第二天早上，我又花一个半小时回到深圳办公室。然而，我们的爱过于浓烈，以至于我们都觉得无法承受。三个月后，我们分开了。

分开了几个月后，我又联系了朴卿和。我需要她帮我挑一套新的西装。我知道她会答应的。我们又恢复了交往。神奇的事情发生了：我经常发现，无论她在想什么，我都能感应到。我了解她，甚于她了解自己。而且我好像能够看到我们的将来。有一次，我在津巴布韦过圣诞节，朴卿和则留在欧洲。我发短信给她，说我正在听一首歌，很精彩，很想和她分享。我太喜欢这首歌了，已经连着听了好几天。她用电子邮件回复了我，说她也从收音机上听到这首歌，然后也是连着听了好几天。我们俩同时在听朱迪·加兰(Judy Garland)的《彩虹之上》(*Over the Rainbow*)！

分开时，我们都觉得悲伤、烦闷；在一起时，我们都觉得充实、美妙。最终，爱使我们再度牵手，并且永远地结合在一起。朴卿和是我此生的真爱，对于她来说也是这样。拥有真爱,意味着我对人生和社会的认知和感受发生了巨大的转变。

冥冥之中一切自有安排

在职业生涯中,我也经历了意识的转变。当时,我在中国从事货运物流业已经有两年了,薪水颇为可观。公司想把我提升为欧洲区销售总监,那样的话,我就有机会回到欧洲,并得到加薪。我会住在体面的公寓里,公司会派给我专车,还有很多其他的福利。表面上这一切听起来都很不错。而且,朴卿和也一直想回英国,因而她对此充满了憧憬。但是,当我仔细考虑前景时,我突然意识到,我从公司得到的报酬并不能为我带来快乐。接受了这样的工作安排,我确实会得到不菲的收入,但在接下来的几年里,我就不得不将自己交付给高度紧张的工作。我真的想经历更多的痛苦吗?可是,最终我还是告诉了公司,接受晋升的安排。我对安全感的渴望战胜了一切,虽然内心惴惴不安。

我做出回英国的决定之后,距离出发前还有一段时间。在这段时间里,内心里的真实感觉开始作怪了。我开始和公司其他同事发生冲突,而我们以往一直关系融洽。比方说,休假时,我就没有通知组里的成员,告诉他们自己会离开几天。你可以想象,我的上司对此很不高兴。我和客户的关系也开始受到影响。有一位客户的货物运输出了问题,但我却不愿意去拜访他,因为我只关心销售业绩,并不关心那批货物。我对工作心不在焉,渐渐地这对我的上司和同事而言,已经是显而易见的事实。问题再也无法掩饰,一个星期五下午,公司终于解雇了我。那天是 2008 年 7 月 29 日,距离全球经济危机还有两个月。

被解雇这个事实使我感到震惊。我从来没有想到这种事情会发生在我身上。但奇怪的是,另一方面我心里却有一丝自由的感觉。很多年来,我一直想离开这个行业,却一直下不了决心。现在,身不由己地,更伟大的"宇宙"力量在帮助我向前迈开步伐。

我记得当时自己坐在沙滩上,想着下一步该怎么做。朴卿和对我被解雇一事感到很生气。根据她的人生哲学,男人应该有能力供养女人,不管她是否拥有一份报酬丰厚的工作。我告诉她,我对职业教练和个人发展感兴趣。她认为我永远不可能在那个行业里找到一份工作,因为我根本就没有相关的从业经验。我仍然觉得自己应该尝试一下,就当是欠我自己的,因为我心里知道,这才是我想要的。

接下来的两个月里,我辗转中国、比利时和英国职场,经历了残酷的竞争,却毫无所获。我决定订张机票,飞往英国找工作。因为朴卿和想在那里定居,而我希望她开心，所以我认为这个决定将增进我们的关系。在我打算订机票的前一天，朴卿和前往印度出差。我们告别时，我突然听到脑袋里冒出了一个声音——上海。我告诉朴卿和说，我听到直觉的声音，我不能置之不理。我觉得我应该到上海找工作。这个疯狂的主意令我自己都惊讶不已，因为我已经计划好去英国。不过，这个念头总在心里轻柔地劝说着我，我觉得自己只能跟着它走。

第二天，一个教练公司通知我去面试。该公司位于上海，之前我曾经联系过它。我立刻订了机票，飞往上海面试。该公司的常务董事说，他们很喜欢我，但是他们不能聘用我，因为他们已经请到别人了。一瞬间，我由兴奋期待转为失望沮丧。周五那天我又飞回香港，努力想从这一切中理出头绪。我心里的声音很清楚地告诉我，我应该去上海，我也听从了它的指引。然而我还是空手而归。我又想，我一定是疯了。

接下来的周一，我联系了香港一个教练公司，并作了自我介绍。我很惊奇地发现，他们已经知道我是谁。后来才知道，上海的那家公司对我的印象很好，所以他们在周末的时候，把我的简历转发给香港这家公司。周一的时候，我竟然碰巧就打电话给了这家公司！我马上接受了该公司常务董事的面试，得知我工作的地方就在上海！再一次，冥冥之中如有神助。我马上签了合同。

朴卿和做了一个艰难的决定。她辞掉在香港的高薪工作，随我搬到上海。我每个月的总收入只有一千两百五十美元，与原来的收入相比，几乎下跌了九成。我们努力控制开销，但仍然入不敷出。每个月的总费用是总收入的两倍。雪上加霜，由于经济危机，很多公司裁减了培训预算。于是，我只能按业务量提取佣金。我从早上九点到下午六点，不断地打电话找客户，努力招揽生意，维持生计。虽然面临这么多挑战，但我们还是觉得自己所做的决定是正确的。

从理性的角度讲，你可以说我们是一对傻瓜。但我们在一起很快乐，并且相互信任，这才是最重要的。朴卿和很高兴离开了高度紧张的商业环境，而我很享受新的事业。事后我觉得，“宇宙”一直在冥冥之中支持我们做恰当的事情。我们冒了巨大的风险，但无论从任何角度来说，这一切都是值得的。

觉悟

在这段时间，我开始对人生更深层次的意义和精神层面的生活感兴趣。我看了约瑟夫·坎贝尔(Joseph Campbell)的一本书，讲述英雄的旅程[①]，书中所描述的恰恰就是我的生活历程。我还看了保罗·科埃略(Paulo

① Joseph Campbell, *The Hero with a Thousand Faces*, New York: Pantheon, 1949.

Coelho)的《炼金术士》(*The Alchemist*)[①],发现这个故事刚好反映了我的经历。这些书写于我出生之前,然而它们却讲述了我的生活。当我深入研究各类精神学说时,我意识到自己所做的每件事情都未偏离正道——它们都自有缘由。

我的信仰系统和关于周围世界的认知在短短几年里发生了翻天覆地的变化。很多变化都不期而至,我并未主观推动。然而,这种转变却是深刻而毋庸置疑的。我的意识已经苏醒了,知道生命除了眼前所见,还有更深远的含义。确实有某些东西,存在于我们掌握的知识和物质世界之外。我的经历并没有合理的解释。我只能说,那一刻,我茅塞顿开。

后来我体会到,我对世界的消极想法和观点已经转变为积极的想法和情感。我认识到世界是美好的,并开始享受生活。了解自己的目标,走自己的路,我的内心体验到前所未有的快乐。我学会接纳自己,拥抱真实的自己。我开始相信人性的善,并重新与自己、朋友、同事和客户建立起友爱的关系。我喜欢工作,找到了幸福,与朴卿和充满爱意地生活在一起更令我犹如置身于天堂。

一开始,我想写一本关于生命的小册子,供年轻人借鉴,让他们了解自己的人生之旅。这是我写这本书的初

① Paulo Coelho, *The Alchemist: A Fable About Following Your Dream*, New York: Harper San Francisco, 1995.

衷。希望这本书能提供一个模型。通过这个模型，人们可以直观地看到自己的人生之旅。事实上，那时候我已经开始根据自己的经历构思这个模型，但在写作过程中我却碰到难题。由于缺少某些要素，我无法构建完整的模型。

一年之后，我有了一次脱胎换骨的经历。有一天早上，我从睡梦中醒来，突然被一阵纯粹的快乐所包围。这种感觉是如此强烈，无法抑制，只能端坐在沙发上，让自己处于这种极乐的状态。我觉得自己好像脱离了现实的世界，到达自己内心的国度，那里美轮美奂、超乎想象。我感觉到自己被一种伟大的力量所包围。我无法用眼睛看到，但我能感觉到它的存在。它为我带来完整充实的感觉。什么都不少，什么都不会失去。

这一切的发生没有任何征兆，我并没有刻意找寻这种经历。我当时所做的研究很有限，此前甚至还不知道会有这样的经历。

这种经历很难用理性来解释，或者用语言来表述。可以这样说，二十七年来，我的生活就像一滴水珠，它顷刻跌落，与整片海洋融为一体。小水珠可以感受到无数个欣喜若狂的瞬间，但较之海洋里蕴藏的无限幸福，这真是微不足道。

后来我又做了一些研究。我求索于世界各种宗教和精神文化，在古代圣贤的智慧中寻找答案。我上互联网搜索，大量阅读图书，倾听录音里讲述人类的精神生活和人生更深层次的意义。我渐渐明白,我所体验到的是一种精神上的觉悟。所有这些传统文化都曾以不同的方式提及。这次强烈的体验并未延续,最终,我恢复了正常的日常生活,但这次体验的精髓却伴随着我。从那一刻起,我便与真我紧密连接在一起。我明白了佛陀的感觉,因为我自己也曾经有过相同的体验。这次觉悟是散落的最后一块拼图,它来得正是时候。由于这次觉悟,我终于能够完成模型,并写完本书。

你也可以拥有

你可能在想,“我也能这样改变生活吗?我的生活真的能像想象的那么完美?”你在想,自己是否也能瞬间顿悟,找到真爱,生活在充实的幸福中?

答案是肯定的。我完全相信,你同样可能经历我所经历的一切。怎么会不可能呢?在所有本质的方面,你和我并无两样。相信自己的内心,你也会看到,生活总是在适当的时候满足你的需要。你只需要听从内心的召唤,一切将被赐予。有时候,你需要做出艰难的决定,但事情总会恰如其分地发生。其实,我们越多听从内心做出的决定,便越觉得轻松自在。

在下面章节中,我将阐述如何开始行动,使人生更有意义。我会向你解释,如何在人生之旅中掀开新的篇章。

本书将指引你循序渐进地将忧伤转化为快乐，将消极情绪转化为积极情绪。本书将说明如何找到人生真正的意义，让你了解人生如何展开它的旅程。这些方式都是切实可行的。我们很多人都忙于工作，同时还要照顾家人。因此，本书着重于弥合内外世界的间隙——我们生活在外在世界中，而人生的意义和目的却蕴含在内心世界中，隔阂由此而生。我认为，并非只有精神探索者和心灵导师才能够探求人生更深层次的意义。我们每个人都可以做到。它适合你和我，适合孩子和父母，也适合商务人士。佛陀和精神大师们遵从天"道"，以达到最高境界。我们每个人也都可以选择从现在开始，迎接触手可及的转变。

我们呱呱坠地，开始自己的人生，直至寿终正寝，结束自己的人生，这是我们无法改变的自然规律。但在其他方面，我们都可以做出选择。我们可以内心空虚、茫然若失、无所适从地过一生，也可以把我们的人生经营成一次独特的旅行。人生之旅将讲述如何找到我们此生原本要做的事情。我无法告知你准确的目的地，因为每个人的旅程都是独一无二的。但是，它们又都有着相似的模式，我将在本书里阐述这些模式。阅读本书，不是为了寻求理性的认识，请把它当作一次体验，帮助你认识自己的人生之旅。

接下来，让我们看看人生之旅的模型。

第三章 人生之旅模型

人生之旅模型以图像的形式直观地展示人生从出生到死亡的必经之路。我希望用看得见的方式，清晰地表达人类共同经历的人生之旅，以新的视角诠释古老的智慧。此外，我还将向你介绍，怎样在人生之旅中使用这个工具。

人生之旅模型将帮助你认识当下的生活状态，以及你的目标所在。有一位男士，四十多岁，是一名成功的企业家。他告诉我，他觉得这个模型简直就是自己寻觅多年的人生线路图。你可以使用该模型帮助自己了解生命的运行规律，包括即将面对的各种各样的磨难和挑战。它也会告诉你，如何开始有意识地逐步展开内在人生之旅。你可能已经感到精神世界和现实世界之间的隔阂,本书将帮助你消弭这种隔阂。

模型的起源

开发这个模型时,我深刻地回顾了自己的生活经历。如果我早一点了解这个模型,它就可以帮助我更好地了解渐次展开的人生之旅。我早期的旅途充满烦恼、磨难和痛苦。因此,我希望寻找一种行之有效的方法,以救赎他人免受我所经历的种种困惑。我用了几年的时间,开发了这个模型,希望别人在人生旅途中能有更多的认知。我细心研究了大量历史上出现过的宗教和精神学说,反思自己的经历,这是这个模型的基础。

世界上各种宗教和神学流派从一开始就指导着人们的人生之旅。在基督教《新约》"四福音书"中,有一卷提到:约翰说,耶稣降临,以使"相信他的,得到永生"。也就是说,这些信徒将能够接触自己的内心世界,从而找到永恒的幸福。佛教则传授烦恼的消减与止息。烦恼的止息也称涅槃,人们将它解释为一种超越欢乐与痛苦二元性的状态。佛陀宣扬放弃欲念,过平静喜乐的生活。在道教里,汉字"道"讲的是路径、方法。"道"和我所说的人生之旅在本质上没有区别,它所指的是使万物平衡有序的大自然运行法则。正如《道德经》里所描述的,道教信徒遵循“道”，过着简单的生活，与“道”及自然和谐共处。

很多现代的著作也解释了人生之旅。例如，瑞士心理学专家荣格(Carl Jung)提出两个主要的观点，为他所从事的领域带来彻底变革。这两个观点是：集体潜意识的观点，认为我们并非单独的个体；思想和心灵是同步的，即我们不能仅凭理性思维理解生命中所发生的一切。根据他的理论，踏上人生之旅意味着“检视自己的内心，才能清晰地看到前景”。他还劝告人们，说依赖于外在世界的人犹如生活在梦中，只有那些察看内心的人才能觉悟。

美国神话学者约瑟夫·坎贝尔的思想脱胎于荣格的理论。他在《千面英雄》(*The Hero with a Thousand Faces*)一书中①，描述了英雄之旅。在这一旅途中，所谓的英雄克服了挑战，遇见他的真爱，找到自己的目标。事实上我们中的任何一个人都可能成为这个英雄。

心理学专家M·斯科特·派克(M. Scott Peck)写的《少有人走的路》(*The Road Less Traveled*)中，阐述了他关于精神进化的观点，成为19世纪80年代最畅销的书。关于人生之旅，他提出了一些著名的观点，如“真正的认知慢慢地、一点点地发生……心灵成长之路是终生

---

① Joseph Campbell, *The Hero with a Thousand Faces*, New York: Pantheon, 1949.

学习之路……体验精神的力量在本质上是快乐的。”①

小说家保罗·科埃略在《炼金术士》一书中②，写到一个男孩告别家乡，抵达埃及。在埃及，他克服了很多挑战，听从来自“宇宙”的教诲，找到真爱。再次回到家时，他已经成长为一位精神富有的男人。这本小说通过叙事和隐喻的方法，诠释了宗教的要义。

人类自古以来存在着各种流派的宗教、传统和精神智慧，现代也出现了各种关于自我发展的学说。我希望准确地描述它们的主题思想，并将其融合为一个模型。这个模型将有别于任何特定的信仰体系、宗教派别或文化传统，这一点对于我来说至关重要。我希望它适合各色各样的人，不论他们来自哪个国家，也不论他们在文化、哲学体系或宗教信仰上有什么差别。我希望这个新的模型，能触及我们真实生存状态的核心，从而使有需要的人都能够有所借鉴，并将其应用到日常生活中。

模型概览

我们从各种途径中学到这些普遍认同的真理，如通

---

① M. Scott Peck, *The Road Less Traveled: A New Psychology of Love, Traditional Values and Spiritual Growth*, New York: Simon & Schuster, 1978, pp. 285 - 286.

② Paulo Coelho, *The Alchemist: A Fable About Following Your Dream*, New York: Harper San Francisco, 1995.

过宗教洗礼与故事传颂的方式。然后，最重要的问题是，“它跟我有什么关系？”这些真理在实质上很难理解，所以这个问题的答案可能并非显而易见。它们是纯精神的，神秘而深奥，而且其表述方式经常模糊不清，难以理解。我们忙于工作，还要腾出时间照顾家庭，实在没有时间理清这些头绪——至少我是这么觉得的。

人生之旅模型(如图 3－1)旨在化繁为简，帮助你了解原本显得很晦涩的概念。它揭示了人的真谛，为你展示了怎样消弭外在世界(现实世界，看得见的世界)和内心世界(真我)之间的隔离。它描绘了一条道路。沿着这条道路走，你就能够自然而然地把精力集中在你所真正在意的事情上。关于生活的本质，也可以从中找到答案。外在世界和内心世界，以及它们相对应的内外人生旅途之间存在着双重性，这是该模型的核心。图 3－1 用弧线表示了这两条不同的道路。弧线的轨迹对应于我们生命中不同的发展阶段，如儿童期、青年期、中年期等。外在人生的弧线朝着“自我”，即个性和自我意识的方向延展；内心之旅的弧线则朝心灵，即“真我”的方向延展。“自我”的特征是觉得自己与他人、世界乃至“真我”之间相互隔离；而“真我”的特征则是觉得自身完整合一。

外在世界和内心世界则截然相反。外在世界中处处充满变数，所有的一切都可能完成或终结：如一份工作、一段关系可能在维持一段时间之后就会结束。内心世界

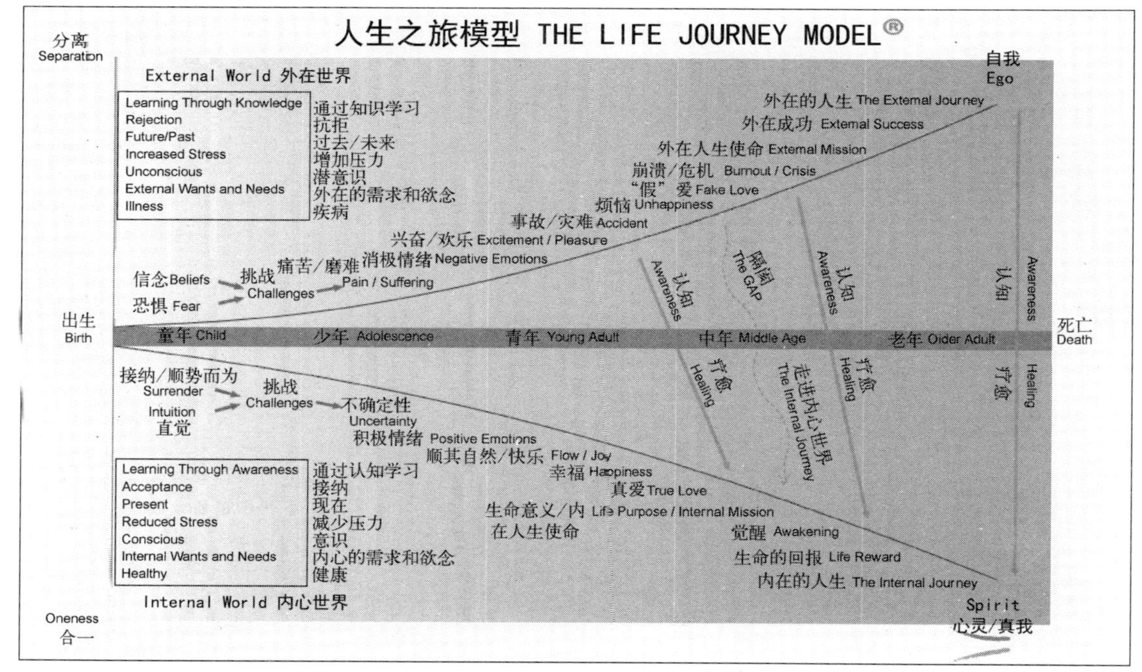

图 3-1 人生之旅模型①

① Life Journey Model ®（人生之旅模型）已获得大不列颠及北爱尔兰联合王国的注册商标，亲爱的读者朋友可以从以下网站中下载该模型：http://www.rafadamscompany.com/the-model/。

则是永恒不变的，这是它的基本特征。你从内心世界中收获的点滴心得将永远伴随着你。没有人能够夺走你发自内心的快乐，这可以帮助你判断自己是否已经找到真正的快乐。如果别人说了些闲话，你的快乐便消失无踪，那么，这种快乐的感觉只是瞬息万变的外在世界中的一部分；如果不管别人说了什么，做了什么，快乐的感觉丝毫未变，那么，你就会知道，它来自内心世界深处，不会改变。

理性思考、信仰和畏惧心理主宰着我们对外在世界的反应，与此同时，我们总是不断地试图保护“自我”。在内心世界里，我们学会相信直觉，顺势而为。所谓顺势而为，即不对抗，让事情自然而然地发生；顺应自然规律，而非强求事情按照我们设定的计划推进。顺势而为，不局限于自己的所知所闻，我们就能迎来更多好机会。种种不可预知的可能，以及很多不期而至的机会，将帮助我们发现最真实、最令人满意的人生旅途。

外在世界使我们学会抗拒，而内心世界却孕育接纳，因为外在世界给我们带来压力，而内心世界却能够消解这些压力。这种体验时时刻刻都发生在很多微小的事上，而我们自己通常都没有意识到。假设你在工作中碰到不愉快的事情，很自然地，它产生的压力会使你紧张，因此，你竭力想逃避(即抗拒)正在发生的一切。在这种情况下，你可能迫于形势，无法抽身离开；但你仍然可以安坐几分钟，闭上眼睛，有意识地将注意力转向自己的内心世界。如果你不再陷入其中，消极地想着当前情景，或其他景象，而是真切地关注自己的内心世界，那么压力将会减轻。放松下来，因为你只需活在当下，而无需考虑十分钟前发生的事情，也无需考虑返回工作场景后，将会有什么事情发生。在这种平静的状态中，你更容易接纳正在发生的一切，并内心平和地做出反应。

当我们活在外在世界中时，我们会更多地把注意力放在已发生的和未发生的事上。我们将不知不觉受困于由此产生的恶性循环；当我们活在内心世界中时，我们会更关注当下一刻。这一刻即永恒，活在其中，我们将体验不朽。

总的来说，人生之旅模型将消极的感受与外在世界联系在一起，而将积极的感受与内心世界联系在一起。但是针对这样的联系，我还想做一些重要的说明。其一，外在世界为我们带来很多欢乐和激情，但这些美好的感觉受制于外在世界瞬息万变的境况，因而不能持久。其二，外在世界和内心世界都存在挑战。通常，恐惧和私心使我们面对更多的外在世界的挑战，这只会给我们带来更多的痛苦和烦恼；内心世界中最常碰到的挑战是不确定性和心存疑虑，如果我们听从直觉、顺势而为，这样的挑战将转化为宝贵的财富。我们不知道，也无从知道即将发生什么事情。接受了这个事实，我们便能顺其自然，把自己交给各种无限的可能性。

任何时候，我们都可以从外在世界转向内心世界。通常，在外在世界中遭遇事故，濒临崩溃或碰到其他危机时，这些情况便会催生这种转变。通过认知和治疗的过程，我们将从外在世界转向内心世界，从分离转向合一。如模型中所示，两条曲线各自朝不同的方向延展，两者之间的距离越来越远。其原因在于，很多人总是单一地选择了其中一条线。很多人选择了外在世界的旅程。当他们这样做的时候，他们往往忘记了滋养心灵。结果，随着时间的流逝，他们的“自我”和“真我”之间的隔阂越来越大。那些倾听自己内心的声音，并选择听从直觉的人则弥合了这种隔阂，他们已经渐渐远离了仅仅基于“自我”的人生经历。

在图 3-1 中，心灵曲线向下发展，因为我们的眼睛无法看见心灵之旅。你可以把时间轴看作海洋的表面，而把心灵看作隐藏在下面的冰山——我们看不见冰山，但它却是巨大的。“自我”的曲线则在海平面之上，因为它存在于我们看得到的现实世界中。

虽然在模型中，我们看到内外世界截然相反，而且合一的特质仅存在于内心世界中。但如果我们完全接纳了内心，你会发现内外世界的差异将不复存在，这一点我们必须牢牢记住。在合一的状态中，内外世界将被视为一个整体，不再呈现为两条曲线。

模型是你生命的缩影

你可以把这个模型看作动态的、有生命力的。在人生中的不同阶段，你都可能经历模型中的各个要素。举个例子，虽然快乐只在曲线中的某一点出现，但不管青春年少、人到中年或垂垂暮年，你都可以领略到快乐；同样地，不管你是刚刚行走在外在世界，还是已经走到半路，甚至到达终点，但在不同的阶段，你都可能体会到痛苦。爱的感觉也是一样的。我们不能在理性的层面上理解真爱，它无法用言语表达，因为这种体验已经超越了“自我”所能理解的范围。以我自身的经历，我只能尽我所能，拙劣地将真爱描述为跟另外一个人完全合一的体验。或者说，两个人心灵相通。在外在世界中，一生中你会碰到无数人，但他们却不一定是你的真爱。“假”爱仅仅是“自我”的体验，而非心灵的体验。“自我”与对方交往，仅仅因为对方拥有某些东西，比如财富、美貌、性感，或诸如此类能满足自己短暂需求的特性。由于人们总觉得自己没有另一半是不完整的，“假”爱因此很有诱惑力。

使用本模型可以帮助你了解自己的人生之旅，以及你所做过的决定，从而帮助你做出更好的选择。有一位女士听完我的讲座后对我说，当她看到这个模型时，有一种“醒了”的感觉。它说明了她不换公司的决定是对的。

虽然另外一家公司提供了更优厚的待遇，她也没有换工作。这个模型使她意识到，本来她很可能仅仅基于物质激励而做出选择，但她听从自己内心的指引，因而现在过得更快乐。这个模型使她思路清晰、恍然大悟。

在接下来的章节里，我将界定外在世界和内心世界，并详细介绍如何促成两者间的对话与联系。我将探讨模型中的各个要素，并说明怎样从外在世界转向内心世界。我还将解释各种原理，例如接纳与抗拒、将来和过去、潜意识、外在的空虚、外在的欲望与需求，以及我们在外在世界中过分关注的事物。我将告诉你，怎样在内心世界中应用这些法则，找到幸福、意义、爱、使命和快乐。

第四章 外在人生

我们通常把外在人生理解为在纷繁复杂的外在世界中所经历的人生旅程。它是人们在特定社会环境中，遵循已有的框架和界限而行走的人生道路。由于人们掌握的知识、对生活的领悟和思维方式各不相同，因而不同人的道路也不尽相同。

外在世界

我们来自不同的地方，各地域之间文化迥异。在我们的基因和心理模式中，承载着一整套理念和信仰，它告诉我们应该如何度过一生。从懵懂年少时，我们心里已经有一些明确的想法，认为自己一定要得到某些东西，才能过得快乐。

想象一下，如果我们把一只鸟、一条狗、一条蛇、一只鳄鱼和一只猴子用绳子绑在一起，天性使它们都极力想用自己的方式回归家园。蛇将蜿蜒滑行至草丛；鳄鱼将缓慢爬行到水塘里；小鸟将展翅飞向蓝天；小狗将跑向附近的村庄；猴子将机敏地爬上树。但是，别忘了一个重要的事实：这五种动物中，鳄鱼是最强势的一方。因此，它很可能把其他的动物都拖到水里。即使每种动物都有不同的生存法则，最终，它们却都将被迫与鳄鱼同行。

在我们的外在世界中，不正时时发生着类似的事情吗？社会压力就像强大的鳄鱼，把各个相互独立的个体拉向预设的目标，迫使人们遵从特定的生活模式——或拥有一定数量的财产，或在某些方面有所建树。不管我们来自哪个国家，如果我们生长于一个现代的富裕家庭，那么，很可能人们会期望我们拥有一个甚至多个大学学位，谋得体面的职业，与我们的同伴收入相当，甚至更多。如果我们做不到这些，在他人眼里，我们就是不成功的。即使有一天，我们挣脱了自幼成长的环境，进入另一个层面的社会，我们也很可能只是将原来的道路置换成另一种约定俗成的生活方式。举个例子，我们可能不再追求法律学位，而开始努力想成为艺术家或作家。然而，即使我们正在做自己所喜欢做的事情，一种新的追求成功的压力仍然可能从外在世界中产生。也许我们又开始想，应该卖够一定数量的书或画作，才能让我们觉得自己是个人物。在外在世界中，我们总是可以找到拥有的东西比自己多，或者比自己更成功的人。

其实，我并非认为源自外在世界的成就感不重要。它们确实重要。很多诸如此类的外在成就最终改变了世界，使世界变得更美好，并为很多人带来切实的好处。关键是，为他人带来快乐的事物并不一定使我们快乐。生活在保安严密的社区里，有的人会觉得自己像个国王，有的人却觉得自己像囚犯。

在人生旅途中，我们所面临的主要挑战是了解自己该何去何从，如何感受幸福、欢欣、极乐与真爱。只有当我们触及自己的内心世界，听从直觉的指引时，才有可能领略这些感受。然而，我们中的大多数人仍然过于注重外在世界，单纯地依赖理性思考。在当今社会中，很多人一路走来，饱受烦恼和痛苦、经历了大量的挣扎和挫折，却从来没意识到一路行走的道路原来并不属于自己。至于自己为什么走上这条道路，他们就了解得更少了。

不管我们是出于本能直接跳上鳄鱼背，还是努力想挣脱，我们中的大多数人仍会自然而然地将目光投向外在世界，寻找方向。我们留意身外的每件事物，单单忽略了自己的内心。我们翻杂志，看电视，与父母、朋友和同事闲聊探讨。我们问他们："我要怎样做才能得到快乐？"

每个人给出的答案都不一样：减肥吧，换辆好车吧，结婚吧，休假吧，又或者劝我们不要结婚。我们这样做并不奇怪，因为我们把在外在世界的事物当成真实的存在。我们的理性认为，现实是任何我们能看到、摸到、闻到、尝到的东西。这样的想法并不尽然。事实上，我们很少停下来，深入自己的内心探究，“我真正需要的是什么？”我们不应该被鳄鱼拖着走，而应该走自己想要走的路！但是，大多数人最终还是力求取得外在的成功，只是方式不同而已。我们努力活出他人（和自己）期望的样子，不断为到达这个目标而奋斗。然而，当我们终于取得进展时，却发现自己仍想得到更多。潜藏于内心的不满和空虚始终挥之不去。许多人相信，总有一天，他们会到达一个地方，那里事事妥帖，从此过着快乐和平静的生活，但这样的事绝少发生。

既然外在的成功最终并不能带给我们所企求的满足感，那么，为什么芸芸众生仍孜孜以求？原因仍然在于，大多数人根本不了解自己选择何种道路的原因。他们像是按照导航仪的指示过着机械般的生活。囿于社会成见，大多数人自幼便已将成功定位为取得某些成就。当我们有所成就时，就会受到表扬，然后它又激发我们争取更多的认同。小时候，刚学会走路，父母会鼓励你继续迈步；长大一些，上了学，你在全国赛跑中得了奖，拿了学位证书，又得到更多的表扬；后来，你在工作中得到提拔，同事们会为你庆祝。慢慢地，你期待一次又一次的赞许。不知不觉中，你总觉得需要得到更多嘉奖，没完没了。因此，大多数人从小就不自觉地追求外在的成功。我们以为，名誉、金钱、权力和地位会给我们带来自由、快乐、安宁和平静。

在外在旅途中，人们已经习惯了享受赞许与权势所带来的快感，于是投入更多精力追求更大的"目标"。他们以为，这些目标就是自己真正的生活目标。然而，这些人通常会幡然醒悟。例如，从一些外在成功的商业人士身上，我们可以看到这种现象。别人觉得他们拥有一切，并理所当然地认为他们是快乐的。但实际上，他们中的很多人觉得内心空虚。他们完全失去了与内心的连接，甚至刻意压制内心的感觉。也可以说，他们根本没有办法活在当下，没有办法不计较过去和未来的得失。

当今社会灌输的理念是，我们只有承受住目前巨大的压力、痛苦、焦虑、苦恼和忧伤，才能期望在未来收获成果。西方社会中，越来越多的人服用治疗沮丧、焦虑和其他各种心理紊乱的药物，试图掩盖种种不愉快的感受，而不是正视问题的根本。归根到底，这些问题都是由于人们远离内心"真我"而造成的。

在过去十年中，有研究指出，50％的快乐感觉是由个性特征和遗传因素决定的，而另外的50％则取决于外在因素，如良好的人际关系、健康和事业。他们认为快乐是遗传的，已经设定了上限。这意味着，我们不可能想多快乐，就有多快乐。但并非所有的研究者都这么悲观。加利福尼亚大学心理学家索尼娅·柳博米尔斯基(Sonja Lyubomirsky)在《如何幸福》(*The How of Happiness*)[①]中提出这样的观点：考虑了快乐的遗传定值后，至少还有40%的快乐因素仍由我们掌控。然而，这些用科学方法研究快乐的人中，很少有人考虑快乐的真正来源，即内心的"真我"。内心的"真我"不受遗传因素或外在环境所影响。如果我们仍聚焦于外在世界，我们将永远不可能完全控制自己对于快乐的感受。

如果我们内心深处仍不觉悟，甚至为了追随外界为我们设定的路线，而压制真实的内心愿望，那么，我们的人生旅途将充满挣扎和苦痛。它们来源于我们自身潜藏的冲突：我们渴望进入某种理想状态，或正做着自己不愿意做的事情。但是，由于我们并未意识到根源所在，我们通常将这种纠结归罪于他人或外在世界的其他因素。我们无法感受到内心的声音和意愿(连接或和谐)，却转而指责他人剥夺我们应得的东西，或阻碍我们的进展。抱有如此想法，这种纠结将无法磨灭，因为我们将更加千方百计地去满足难以捉摸的欲念。

一旦我们从心理上将自身视同为自己的目标和欲

---

① Sonja Lyubomirsky, *The How of Happiness: A Scientific Approach to Getting the Life You Want*, New York: Penguin Press, 2007.

望，我们将感到对外在世界的依附是如此牢固，难以挣脱。当我在物流行业工作时，我在心理上就已经不知不觉地接受了那个特定环境所定义的成功目标。由于我没有聆听自己内心的声音，每天对我而言都是一场搏斗。那时，我只听到“自我”的声音。

“自我”

“自我”是我们自身的某些方面，体现于外表、财富和个性等。它是我们外在的显示，是我们往自己身上贴的标签。例如，“我是男的”、“我是女的”、“我是个好人”、“我是个坏人”，这些说法都来自“自我”。

“自我”在生命中起到重要的作用。正是通过“自我”，我们才能够表达自己置身于外在世界的差异、个性和独特性。虽然“自我”一词通常带有负面的含义，但其实“自我”并无好坏之分。它只不过是在外在世界中界定自身的一种方式。我们对自己立足于外在世界中应该做什么，过什么生活存在着思维定式。同样的道理，从早年起我们便已逐渐确立一种身份，而这种身份通常对应于我们的家世遗传或教养环境。每个人都学会称呼自己为“我”，以区别于“你”。自我的概念既存在于个体的层面（例如“我叫约翰，四十岁，是一名机械工程师”），也存在于群体的层面（例如“我是德国人”）。

为了了解和加强“自我”的概念，人们必须找到甚至加倍留意“我”和“你”之间的差异。可能一个孩子会说“我有这个玩具、这件衣服，你没有。”以彰显其独特。当今社会中，我们通常教导孩子们以强调差异的眼光看待自己和他人。例如，“我叫罗比，十二岁，住在美国芝加哥市，是白色人种，骑红色的自行车；你叫詹妮，八岁，是黑色人种，爱玩投球。”我们认为我们各不相同，是相互分离的个体。我们学会依照“自我”界定的外在差异，将自己视为独特的个体。

由于我们在外在世界的“自我”或身份识别天生并无差异，“自我”的确立通常依赖于“别人”的概念。为了加强这种主观的身份观念，“自我”倾向于通过与别人的比较来定位自己：“我拥有这个，而你没有；我是这样的，而你不是；我拥有的比你多；我比你好。”一个人的“自我”可能依附于成功、金钱和名声而长大，但不富裕的人也可能因此怀有优越感，反而变得更加清高、自负。

无论富人、穷人，都可能过于自负，放大“自我”。这只是意味着他过分注重自己的外表、财产和外在条件，并由此推导出自己的身份。自负不一定产生于正面的因素。“自我”可能呈现多种形式，包括负面的、认为自己低人一等的受害者情结。“自我”的形式多种多样，也可能是胆怯、害羞，或觉得自己的存在没有价值。各种“自我”的观念都源于人们认为自己与众不同，因而与人疏离。

为了让我们在感官世界中能够作为独立的个体存在，我们必须在心理上建构“自我”的概念。然而，目前多数人已被这一表象身份所困扰，全然忘记了自己的内在本质。人们已远离了自身内在的本质——而这却正是他们固有的一面，在他们出生之前便已真切地存在，而且不带有任何限定的行为或信仰。人们以“自我”为本位，任意行事。心理学家桑迪·格卢克曼(Sandy Gluckman)在《谁在把握方向盘：以心灵导向成功》(*Who's in the Driver's Seat: Using Spirit to Lead Successfully*)一书中[①]指出，高达63%的商人认为，以“自我”为中心的行为已对日常的工作绩效带来负面的影响；超过一半的人估计，这使公司的利润降幅高达15%。

有时候我们会听见别人说，“那个人太以自我为中心了”，它意味着这个人处于孤立自闭的状态。对他人及其感受漠不关心(也许对自己深层次的感受也惘然处之)，却不停地从外界索取各种各样的事物，以满足“自我”。人们越将自己等同于外在身份，便越觉得与内在“真我”隔离(如图4-1)。如果人们认为自己的身份来自汽车、房子、名牌挎包或自己的外貌，那么他们感受到很多焦虑与恐惧也就不足为奇了。因为这些外在的所得都是短暂的，瞬间便可改变。难怪人们会担心财富散尽、世事变

① Sandy Gluckman, “Business Team Building, Step 1: Recognizing How Ego Shows Up”, http//: sandygluckman.com, 2008.

图 4-1 认同“自我”

迁。丧失了曾经拥有的一切，将意味着迷失了自己。

失去所得，他们将变成什么？

内外世界的分离

在人生之旅模型（图 3-1，本书第 31 页）中，左上方标示了内外世界分离时的各种状态。这些感受来自外界。人们出于世俗偏见，习惯了认为自己是不同的个体，从而导致了自己内心与他人之间隔膜的产生。“我”和“你”不同，“我”独立于“世界”的观念根深蒂固，这导致人们内心空虚，甚至对他人与外界心存恐惧。

如果你出生在中东地区，父母很可能会按照伊斯兰教的传统，小时候便教导你按照穆斯林教徒的规范行事处世；如果你出生在欧洲，父母很可能会按照基督教的传统，并用相应的信仰体系来教导你；如果你出生在中国的西藏，你所受到的教育可能会引领你皈依佛教。出生的地方不同，每个人受到的教育也就不同。然而，在初生婴儿呱呱坠地之时，我们并无两样。我们之所以认为自己是独特的、分离的个体，完全基于自己出生之后外界灌输给我们的信念、文化和传统。

在外在世界中，我们在外貌、行为、背景、教育以至其他方面的区别是显而易见的。然而，这些差异通常是"学"来的。它们只是基于外在旅程和自我身份识别的表层差异。很明显，这些差异确实存在。但我们往往忘记了，我们都是赤裸裸地来到世上，脆弱而敏感，而最终我们都将归于尘土。纵观我们的生命旅程，如果我们深刻地观察自己的内心，将会发现，其实我们有很多共同的内在价值观和愿望，比如快乐、幸福、爱、友谊、充实感和意义。

然而，在日常生活中，我们通常感到与他人、与周围世界相互隔阂，而非和谐统一。在工作中，我们将同事视为独特的、区别于自己的个体。我们会说，"他是销售经理。她是会计。他是总裁。"很多时候，我们发现自己扮演着与内心的自己不相协调的角色。结果，由于"自我"的身份意识横亘在我们和周边环境之间，我们总觉得与周围的人格格不入。外部出现的冲突、问题和不满不断滋养着"自我"。因此，人们越倾向于认同"自我"和外在世界，便越觉得与他人隔离，最终导致了与自己内心的隔离。我们完全可能重建与他人及周边环境的联系。在接下来的章节里，我将阐述如何重新发现与他人、与外在世界的连接，直至合而为一。

外在自我欲壑难填

在当今社会中，通常的思维方式与“自我”紧密相连。由于外在的事物都有一个明确的期限，于是“自我”必须马不停蹄地追赶下一个目标。它可能是实实在在的物品，比如汽车、一双梦寐以求的鞋子；也可能以非物质的形式存在，比如赢得一场辩论赛，证明自己观点正确或比别人更胜一筹。我们每个人都有过这样的经历。带有很强目的性的成就只能为我们带来短暂的良好感觉，有时候，只是一瞬间，然后我们又开始寻找下一个替代物来取悦自己。举个熟悉的例子，想想你最后一次购买的物品，可能是一个漂亮的挎包、一件家具或一个电子产品。一开始你可能会觉得高兴甚至激动，但仔细想想，这种美好的感觉持续了多久？又或者，想想最近一次你因为某项具体成就而得到表扬、赞许。你可能会觉得自己棒极了，至少就自我身份而言。比如，你会说，“我是一个杰出的员工。”你的身份识别体系中的某个方面得以巩固，因此你感觉良好。但是，毫无疑义，这种感觉不会深入地渗透到生活的其他方面，并长久存在。

在这里，我只是提出自己的观点，而不在于判断“自我”的需求本身是好还是坏。我们应该了解到，当“自我”意识到外界的事物或反应未能完全满足自身的需求时，这将难免带来不满的感觉。众所周知，金钱并不能带来快乐，很多研究已经证明了这一观点。1978年在一个著名的研究中①，心理学家对两组人进行了快乐比较，其中一组中过彩票，获得百万美元的巨奖；另外一组则是因为意外而遭受瘫痪的人。此外，研究人员还随机调查了另外一组人，名单是从电话本里随意挑选的。研究者对所有的成员进行了访谈。他们发现，中奖一组的成员并不比其他组快乐多少——事实上，相比于其他组的成员，中奖者从日常活动中得到的愉悦感更少。哈佛大学心理学家丹尼尔·吉尔伯特(Daniel Gilbert)②将这些发现解释为，当“自我”的需求得以满足，人们常常错误地判断事物本身给我们带来快乐的程度。

广告业正是建立在“自我”无休无止的需求上。许多商业广告声称，拥有某样东西将为我们带来快乐，或者使我们觉得生活更美好。虽然这可能是真的，但你有没有

---

① Elizabeth Kolbert, “Everybody Have Fun: What Can Policymakers Learn from Happiness Research?”, *New Yorker Magazine*, 2010, March 22.

② Daniel Gilbert, *Stumbling on Happiness*, New York: Knopf, 2006.

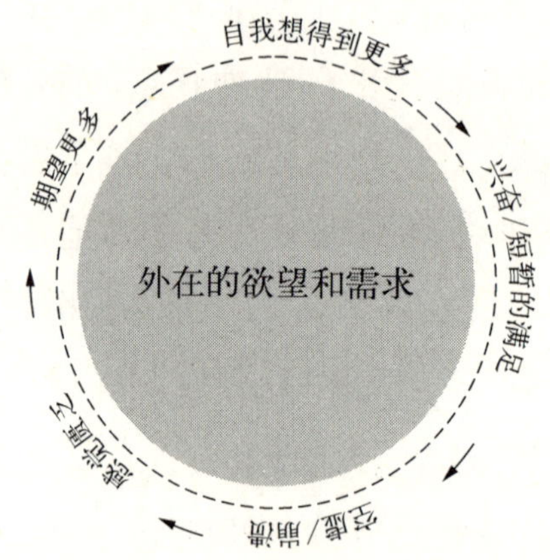

图 4－2　外在的需求与欲望

发现由此而来的快乐或良好感觉是暂时的。我们想消费外界事物的冲动是如此根深蒂固,以至于我们完全失察于消费行为本身。我们中的大多数人从未停下来问问自己,为什么需要某样东西,它究竟能为我们带来什么。当然,这并不是我们的错,只是生长环境使然。我们深信,拥有的东西越多越好。我们以为只要得到自己需要的东西,便会心满意足。然而,物质带来的满足感终究是短暂的(如图 4－2)。

快乐与痛苦循环往复

为什么外在人生最终并不能使人满足?

原因在于,外在世界在本质上是变幻莫测的。如果我们的快乐来自外在的某种事物,一旦它发生变化,我们的快乐也随之改变。虽然我们一厢情愿地以为能够长久地拥有它，但它还是消失了，取而代之的是另一种我们认为能使自己快乐的东西。于是，我们总是竭力寻求某种寄托，以留住稍纵即逝的快乐，这便导致了快乐（满足）和痛苦（不满足）之间永无休止的循环。这种物质的愉悦与真正心灵的快乐相去甚远。举个例子说，当我在深圳工作的时候，每当得到一个新客户，或新成交了一笔交易时，晚上回到家，我便会觉得惬意自在。但是，当成功的新鲜感一过，或者当我又碰到新的问题时，曾经的快乐总是慢慢褪色。相比之下，我在内心觉悟之后感受到的真正的快乐却深刻而不可动摇。

当我们感受到瞬间即逝的快乐时，我们所体验到的只不过是一阵兴奋的感觉，它仅仅是对周边环境的短暂反应，我们不应该把它和真正的心灵上的愉悦混为一谈。我并不认为，兴奋的感觉是不好的。如果我们能在真实的快乐中，一起体验兴奋的感觉，那就很好。如果你是一个内外一致的人，在此基础上享受兴奋的感觉，那么，即使这种兴奋的感觉消失了，你仍会快乐依旧。举例说，假如我内心平和满足，那么当我享用一个雪糕筒时，无论是在吃的过程中，还是吃完以后，我都会很享受，内心始终平和满足。

可能有人建议你通过看书，或积极回想让自己开心的事物，提醒自己记住快乐。这些技巧能够使你振作起来，并产生快乐的感觉。然而，它们仍然只是暂时性的解决办法。在你再次回想快乐的几个小时后，很可能它所带来的快乐已经慢慢消退。为了持久的快乐，你将必须不断重复、更新这种做法，从而使自己陷入周而复始的循环中。要知道，快乐源于自然的流露，无须去刻意地追求。

人生旅途跌宕起伏，有巅峰也有低谷，欢乐和痛苦总是交替出现，相信我们很多人都有过这样的经历。举杯痛饮、滥用药物带来的快感，短短一天便可转化成同等程度的痛苦。当所爱的人离去，不再为你带来曾经令人如痴如醉、不能自已的爱情体验时，爱意很快会化为无法言状的嫌恶。很多极限运动爱好者承认，身历险境带来的令人颤栗的快感，使他们不由自主深陷其中。在取得每次突破之后，他们总是不由自主地继续追逐下一目标，或其他刺激的项目。

人们越是觉得只能从外界中寻求短暂的愉快，便越有可能体验到痛苦。当然，有些享乐不必重复出现。比如说，吃完一个冰淇淋之后你不必马上再买一个，跳完伞之后你不用再跳一次。然而，当人们有一天终于发现，自己不可能从外界获得真正想要的东西时，他们常常感受到深刻的痛苦。这种情况对于许多中年人来说，非常普遍。人到中年时，他们才意识到，自己一直苦苦追寻的目标，并非自己的真正目标。

我们该如何着手?

如果你正在阅读本书,那么,很可能你已经开始意识到,仅仅满足于外界提供的短暂愉悦是不够的,希望做一些能让心灵得到慰藉的事。在寻找永恒幸福的过程中,这种觉悟本身就是迈开的第一步。

在接下来的章节中,我们将详细分析,我们内心深处的不满和空虚从何而来,以及我们应该如何着手,把它们转变成长久的快乐、喜悦和充实。

第五章

内外世界的隔阂

可以这样说，内外世界间的隔阂是人生之旅模型中最重要的部分。我们在人生之旅模型（图3-1，本书第31页）中可以清楚地看到外在世界和内心世界的割裂。它揭示了我们最深刻的痛苦和烦恼的真正来源，而我们正是通过弥合这种隔阂，才能摆脱磨难，实现永恒的快乐。在本章中，我将探讨弥合内外世界的隔离、找到真正快乐的四种方式。

那么，内外世界间的隔阂是怎样产生的？我们怎样才能缩小、弥合这种隔阂？

过于注重外在世界将导致内心空虚

外在人生表现在各个方面，比如渴望外在的成功、注重自我的身份、对物质的需求和欲望、追求快乐。这些都是驱使着我们关注外在世界的事物。如果我们仅仅关注外在世界，便会越来越远离真正的自己，无从了解自己内心的感觉和真正的心愿，也无法了解自己的人生使命和精神力量。例如，你可能对某一型号的汽车梦寐以求，并深受这种想法的折磨，以至于为此而付出的努力仅仅成为达到目的的手段，使一路的旅程变得索然无味。你觉得必须不惜一切代价追求自己想要的，即使夜以继日地工作，承受巨大的压力，不能得到片刻的闲暇也在所不惜。这样做的后果是你忽略了心里的感觉，掩盖了内心真正的愿望，唯一目的是在外在世界取得这辆车。

对外在世界的过多关注使我们内心真正的自己（也称“真我”或“本我”）与我们身上的另一部分（“自我”）产生了隔离：我们身上存在着另外一部分，它渴求拥有更多东西，获得更多成就。这种隔阂本质上是内外世界的隔阂。我并不否认，得到成功或财富是一件好事。它有积极的方面，只要它的出发点在于追随你真正的目标，而不在于满足饥饿的“自我”。如果你先找到真正的目标——你所喜欢做的事情，你天生注定要做的事情——

然后再以此为出发点去创造财富，那么你的“自我”和“真我”之间便不会有隔阂。

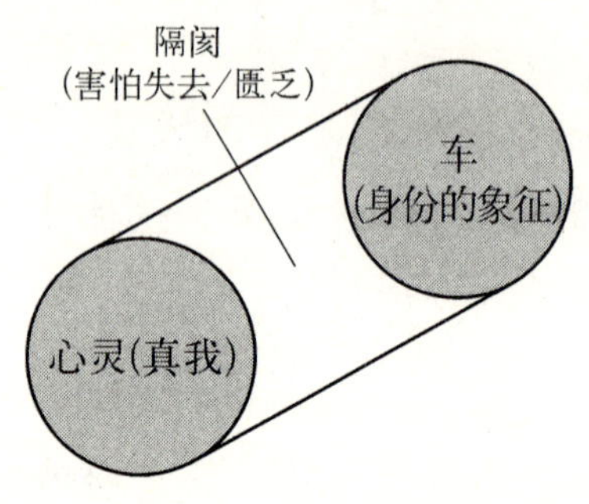

图 5-1　隔阂的产生

第一个图解(如图 5-1)说明了当我们远离“真我”，努力获取志在必得的东西(如汽车)时，隔阂就会产生。

这种隔阂使我们觉得痛苦，表现为空虚或深深的不满。我们就像生活在太空中，空空荡荡，总觉得缺了些什么。然而，我们可能不太留意到这种隔阂，因为我们以为，只要我们在外在世界得到渴望的东西，这种隔阂便会消失。我们认为，快乐就在远方的地平线上，就在拐角处，我们迟早会得到它。

第二个图解(如图 5-2)是一个俯视图。它解释了外在世界和内心世界的关系。外圈的线代表我们的自我身份识别。我们倾向于生活在这个外圈，注意力总是被不断导向外界。图例的中心是我们内心的“真我”。我们没有让心灵向外扩张，没有给它伸展的空间，使它最终能够与外在世界联成一体；相反的，我们将它压缩成一个小小的内核。甚至，在日常生活中，我们可能浑然不知它的存在。

在图 5-2 中，“自我”和“真我”之间有大片的空白，

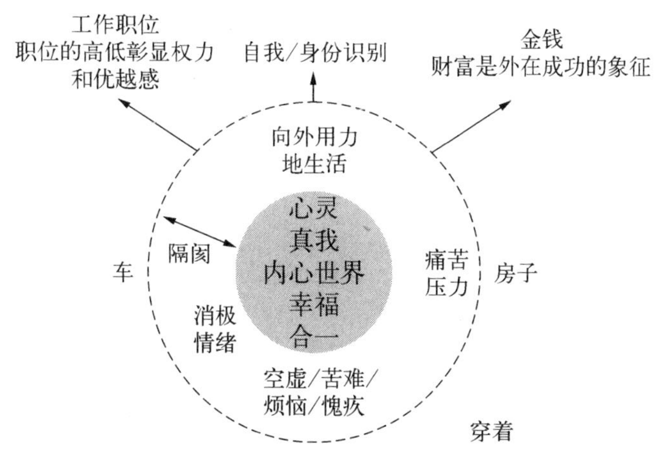

图 5－2 内心世界和外在世界的关系

就像外在世界和内心世界之间存在一片真空地带。这就是隔阂，其中充满着空虚和烦恼。我们无力消弭隔阂，无力认识到自己种种追求的真实来源，因而陷入痛苦。

我们从小接受的教育方式很容易使我们感受到隔阂。小朋友们通常兴高采烈、无忧无虑，因为还没有人告诉他们什么不该做。但是，这样的光景不会持续太久。很快，他们的父母会开始教导他们，要相信外在世界，这从家庭教育就开始了。很少有父母教育孩子观察自己的内心。结果，在这种教育环境成长起来的孩子，便遵循这种原则，把自己关在一个小盒子里，里面充满恐惧，还有自尊自负等其他种种负面想法。这就是我们当前所认识的世界。我们生活在一个盒子里，里面没有真正的自由表达；我们关注外在世界，而我们真心渴望的却来自内心。

这种隔阂受到接纳与抗拒的法则所影响，让我们一一加以分析。

抗拒法则

我们可以这样理解抗拒法则：当我们抗拒某些事物时(不管它是外在的环境，还是内心的感觉，或者是以往的负面情绪或状态)，它都会加大“真我”和“自我”之间的隔阂。痛苦正是由于抗拒而产生的。抗拒或抵制现状会使我们经历更多的痛苦和折磨。生活中，会发生很多意料之外、令人不快的事情。人们习惯安于现状，于是不自觉地就会抗拒、抵制改变。但是，此类事情通常传递着“宇宙”的信息，提示我们需要改变现状。然而，我们害怕改变，抗拒改变。结果，我们自身的隔阂便长期存在，甚至日益扩大。

隔阂从未弥合，于是我们从未感到快乐、满足。随着人生之旅不断展开，内在的动力推动我们学习、演化和转变。然而，我们的思维已经习惯了安于现状，我们害怕失去已经拥有的一切(图如 5-3)。例如，当你失去工作时，很自然地，你会觉得痛苦、沮丧，因为你的外在或自我身份遭到质疑。你害怕自己会有所缺失，不再完整。如果你抗拒这种改变，总想着“我不希望这种情况发生”，那

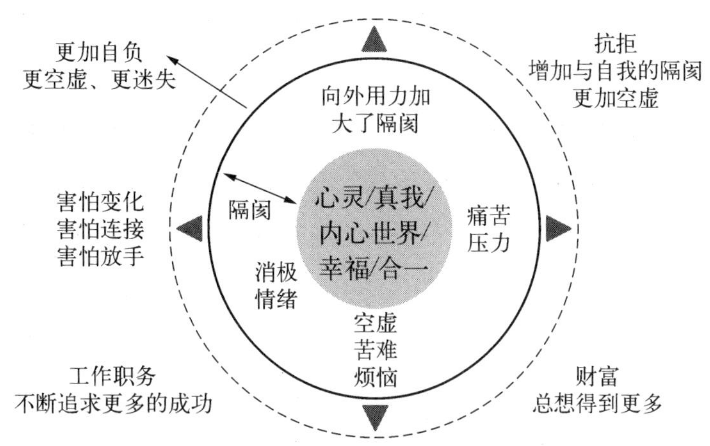

图 5－3　在外在世界应用抗拒法则

么，很可能你会更加苦恼、沮丧。事实上，你把注意力更多地放在令人不快的外在环境，从而扩大了你与这一境遇之间的隔阂。

如果你过去的负面情绪未曾妥善解决，便会产生抗拒。比如，亲人去世留下难以填补的空白，离婚后你还久久不能恢复元气，或者你还生着以往某位同事的气。你紧抓不放的每一个负面事件，都将沉积为隔阂。以我为例，当我无法原谅父亲在我年少时离我而去，或仍然对前任上司解聘自己的事实耿耿于怀时，隔阂便会产生。在个人身份这个层面上，也会产生抗拒。比如，当有人对你做出错误、负面的评价时，你会情不自禁地做出反应——你可能会口头回击，或以其他方式保护自己。原因是，你以为自己如果不这样做，就会有所损失，变得渺小。那个人说的话令你不快，对此不做回应的想法更令你浑身不舒服。如此，你便仍然固守隔阂。

人们越抗拒来自外在世界的信息，便越觉得隔阂，空虚感也就越强烈。有许多我们称之为具有负面人格的人士，他们抗拒发生在自己身上的任何事情，不断地抱怨，使本来已经很自大的“自我”更加膨胀。他们成了所谓的牺牲者。我们一厢情愿地认为，我们可以掌控自己和生活。这种想法为我们带来愉快、安定和强大的感觉。我们可能会获得某种安全感，但对于事物的掌控，我们从未真正达到自以为能够达到的程度。我们苦苦抗拒、抵制，试图获得并保持对事物的主动控制，但往往徒劳无功。

接纳法则

接纳法则，即接纳所发生的一切(不管它是外在的环境，还是内心的感觉或状态)，缩小隔阂(如图 5－4)。

2010 年发生了轰动世界的马尼拉大巴劫持案，来自香港的七名乘客和他们的导游在劫案中不幸丧命。其中有一名叫易小玲的幸存者，她是一位年轻的母亲，当时下颌被子弹击碎，外科医生不得不为她做脸部整形手术。她做了九次大手术，这一过程中，她的嘴唇被缝住，嘴巴只留下一条小缝，露出七颗牙齿。当问及她对劫持案的感受时，她说，“在这次事件之前，我是一个颇以自我为中

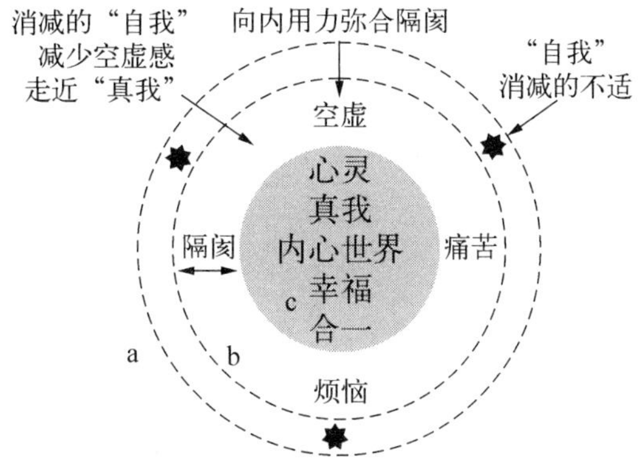

a. 处理外在事件和沟通

• 接纳—放手(不对抗)　• 改变想法

• 等待两到三秒钟

b. 处理情绪问题

• 宽恕自己　• 宽恕别人

c. 滋养你的心灵

• 听从直觉　• 找到人生的意义

图 5－4　在外在世界应用接纳法则

心的人。现在我有了更深刻的想法,我知道……这个世界上并非只有我一人受罪。”①

易小玲接受了这场可怕的经历带来的后果,并学会应对由此而来的改变。她不想扮演一个需受人怜悯的受害者的角色,相反的,她要管理好自己的生活,将她所仍然拥有的发挥到极致。例如,最初她接受采访的时候,总是黑色装扮,并遮住脸部;现在她穿着印花连衣裙,谈笑自如。她的接纳心态更引领她将“这个世界上并非只有我一人受罪”的态度转化为行动。她决定为一个艾滋病

---

① *South China Morning Post*, Saturday August 20, 2011, A3.

慈善机构工作，还说，"我的工作很有意义，因为我能够帮助别人。"

我们总是以为，如果我们接纳了涉及自身的环境或事件，我们就会失去对它们的掌控，因此，我们很难践行接纳法则。我们以为，不为自己辩护，我们就会显得渺小。其实，实践接纳法则是精神力量的源泉。正如我们在易小玲的事件中所看到的，接纳的心态启发我们不要总以自我为中心，应该多帮助其他需要帮助的人们。接纳发生在我们身上的事情并不意味着我们会削弱自尊，或者我们应该任由别人践踏。它意味着接纳发生的一切，然后释然放手，而不对我们造成负面影响。一开始，因为"自我"还在作怪，这可能不太容易做到，但只要多加练习，这就会变得越来越容易。接纳了当下的环境，你就会更接近自己真正的感觉和内心的"真我"。客观地接纳当下的环境，不受负面情绪的干扰，能够使我们更恰当地做出回应，或者更清晰地采取行动。正如约瑟夫·坎贝尔所说，"我们必须自愿放弃自己所计划的生活，才能迎接等待着我们的生活。"①

有一位 41 岁男士参加了我的讲座。他很想加入美国陆军，成为一名战地医生。但是，最高的服役年龄最近已经从 42 岁降到 35 岁。虽然他有意申请年龄豁免，但

① Diane K. Osbon, Ed., *Reflections on the Art of Living: A Joseph Campbell Companion*, New York: Harper Perennial, 1995, p. 18.

担心因为年龄太大而被拒绝。他说,“如果我的申请因为年龄太大而被拒绝了,我确实会很失望。但我可以接受这个事实,继续我的生活,因为我知道,‘宇宙’会有其他的计划等着我。我知道,只要持有接纳的态度,好事情总会到来。如果我没有参加你的讲座,这对我来说将会是一个巨大的打击;但听完你的讲座之后,我可以欣然接受这个事实。我会多想想生活中美好的事情。”

我们害怕未知,害怕改变,害怕失去自己。一开始,实践接纳法则会很困难,因为它要求我们丢掉这些恐惧。我们觉得不自在,因为我们的“自我”(它认同现状)必须做出调整,以适应我们在人生旅途中所经历的改变。越多实践接纳法则,我们便越容易任由事情顺其自然地发生。我们不再抗拒,而是敞开胸怀接纳它们。

在父母离婚之后,我很恼恨父亲离我而去。这种沮丧的感觉伴随着我长达七年。最后,我终于意识到自己的恼怒和挫折感对生活的很多方面形成阻碍。于是,我给他写了一封长长的信,告诉他,我原谅他在我年少时离我而去。我决定接纳已经发生的一切,然后继续前进。做完这件事之后,我心里马上就觉得宽慰了——多年来一直压在我肩膀上的重负马上烟消云散,而我所做的只是在心里接纳了它。我只是原原本本地接纳了它,不再充当受害者。对父亲的宽恕已经足以卸掉我心头的重负,父亲在几小时后的回复对我而言,更是一个额外的奖赏。

他表示很高兴收到我的信。他那时候刚好在非洲工作，还邀请我过去看他，重新开始我们的关系。我去探望了他，我们的关系也的确变得更加亲密。

通过接纳法则，我解决了很多悬而未决的感情问题，这只是其中的一个例子。每当我接纳了一些困难的事情，隔阂便会缩小，虽然我那时并没有意识到。我的“自我”逐渐瓦解，最后它变得如此渺小，以至于任何外在的事情都不再对我构成影响。外在的事情对我来说，宛如一股风，穿堂而过，我看到它、接纳它、然后让它过去。

弥合内外世界的隔阂

我们怎样才能实现从抗拒到接纳的转变，并最终弥合内外世界的隔阂？

第一种方法是观察自己的情绪和反应。留意在日常生活中，什么情况下你怡然自得，什么时候你又会心神不宁。有的人不愿意这样做，因为他们不想承认自己心存烦恼、不安。但是，如果你希望自己走向接纳，就不应该有所保留，把自己的某些部分用警戒线围蔽、隔离起来。你必须全盘接受，老老实实、不带任何有色眼镜地看待自己的见闻和感受。一旦觉察到不安，你的第一反应可能是扭头就走，拒绝正视引起痛苦的事物。在你对当前的情景做出反应之前，请稍候片刻。虽然这段时间很短暂，但它却足以让你转换意识，认清原委。不要尝试改变它，相反，你应该尽力保持意识清醒，接纳发生的一切。当然，接下来，你可能决定抽身离开。如果你离开后，心里仍然抵制、抗拒发生过的一切，那么，这仍然算不上真正的接纳。

试一下这个练习。把鞋子脱下来，在浴室的地板上走走，或者在其他冰凉的石面或瓷砖地板上也行。很可能你的第一反应是排斥从脚上传来的冰冷感觉。这时候，请放下抗拒情绪，让你的脚板吸收寒气。看看，你的感觉是否突然发生了转变。你的脚还是觉得冷，但不会那么不舒服了。这是一个简单的练习，你可以把它应用到生活中的各个方面。

接纳已经发生的一切，然后放手让它过去，使自己不再受困于以往的经历或事件。例如，如果你和以前的上司或朋友有冲突，那你就可以写一封信给他们，接纳发生的事情，然后让它过去。信寄不寄出去都没关系，你的行为本身已经足以卸掉心中抗拒的重压。接纳了周围发生的事情，你便为自己打开了大门，迎接人生旅途中更多的可能性。例如，写信给朋友，毫无保留地接纳你们之间发生的一切，这将为你们之间建立崭新的关系打开大门。我还听说过，当一方接纳了以往发生的一切，但还没说出自己已改变想法时，对方已经伸出双手，报以温情的回应。从接纳中你将获得自由，它的力量是如此强大，足以使你和你所爱的人在各方面的生活中发生彻底的改变。在日常生活中更多地实践接纳法则，你就会更多地体验到完全的自由，不再受制于外在世界。慢慢地，不管外界发生了什么事情，都不会影响你内心的快乐和喜悦。

弥合隔阂的第二种方法是改变你对事物的视角和反应。生活中你会遇到种种难关，比如，失去挚爱、上司的否定使你失意沮丧。碰到这种情况时，问问自己：

- 紧紧抓住负面事物，对自己有什么好处？
- 它们能帮助自己前进吗？
- 它们能否在任何方面为自己带来好处？

如果上述问题的答案都是否定的，那就集中精力，理清现况。训练自己以不同的方式进行思考。比如，亲人已经离去，再也回不来了，也无从替代。那就尝试一下放手，不再沉湎于失去所爱的哀伤情绪中，看看情况会发生什么变化。最终，你不再抗拒任何事物，你只是原样接纳了它们，然后放手让它们过去。如果你在生活中时时刻刻奉行接纳原则，隔阂将不复存在。

弥合隔阂的第三种方法是解决以往的感情问题。通常，宽恕是关键所在。你可以写一封信，为自己做过的事情表示歉意，或请求宽恕，从而与对方建立起心灵上的连接。例如，当你深受挫折，而以愤怒或冷淡的态度回应上司时，试一下对上司表示宽恕，看一下会出现什么样的结果。

格式塔特定疗法专家弗里齐·珀尔斯(Fritz Perls)推广了空椅子练习[①]，你可以尝试一下用它来疗愈精神上的创伤。有时候，与自己对话大有裨益。在面前放一把空椅子，假设想象中的自己坐在上面，然后开始和自己交谈，想说什么就说什么。第一次做这个练习时，我对自己说，“对不起，这么多年来我都没有当你的听众；对不起，我忽视了你的存在；对不起，我伤害了你；对不起，我没有相信你。”对自己说完这些话之后，我哭了几天。但这些泪水是灵丹妙药，它治愈了我以往的感情创伤。同样的，如果所爱的人已经逝世，你也可以想象，他就坐在你的面前，跟他说你想说的话。

最终，弥合隔阂的决定性因素在于倾听内心、追随直觉、自我成长。一旦接触了自己内心的“真我”，你可能会发现自己纠结于心灵和理智、“真我”和“自我”的相互角力中。有时，人们会很迷茫，尤其在需要做决定的时候。我们心里可能想得到某种东西，但我们的理智使自己犹豫不前。在这种情况下，抛硬币是一个好办法。在日常生活中，我经常用它来决定大大小小的事情。例如，假设你想换一份工作，但新工作的收入较低。那么，你可以定

① Fritz Perls, *The Gestalt Approach & Eye Witness to Therapy*, New York: Bantam Books, 1973.

下规则，如果硬币面朝上，就表示要换工作；否则就不换。抛起硬币，在心里很快检视一下，你更希望翻到面还是背。记住，不要思考，跟着当下一刻的感觉走。如果你思考了，理智和“自我”会提出种种异议和理由，这种方法就不灵了。当硬币还在空中的时候，用手接住它。这时候，你还不知道哪面朝上。

你可能会想，我怎么会介绍这么极端的方法，通过抛硬币来做出生活中的重大决定。实际上，来自洛杉矶加州大学的朱迪思·奥洛夫在他的研究报告中指出[①]，有研究证明直觉比理智反应更快，并且，直觉蕴藏着智慧，帮助我们做出更好的决定。这是因为，内心是我们真正的自己，它了解我们真正的需求。一开始，你可能很难通过抛硬币来做出决定，经过更多实践，它就会变得越来越容易。你可以先挑影响不大的决定来做试验。比如，朴卿和与我会用抛硬币的方法选择去哪家餐厅，或做出其他不太重要的决定。有时候，抛硬币得到的结论可能并不合理，因此，你的理智可能想改变它，但这也没有关系。无论如何，我还是鼓励你坚持用抛硬币得到的结论，看看自己能否接纳它，敞开心灵，迎接来自“宇宙”的启示和帮助，无论它以什么方式呈现。

---

① Judith Orloff, *Second Sight: An Intuitive Psychiatrist Tells Her Story and Shows You How to Tap Your Own Inner Wisdom*, New York: Three Rivers Press, 2010.

好消息是，一旦我们开始倾听内心的自我，这个趋势就不会逆转。随着我们的精神变得越来越强大，我们就会更果敢地听从自己的内心，“自我”就会节节败退，无力抗拒。

当隔阂弥合，“自我”瓦解时，我们就会真正地觉悟：佛教称之为“涅槃”或烦恼的止息。有时候它是突然的彻悟，但也不尽然。更多的时候，它是潜移默化的——我们未曾察觉的时候，它已经一点点渗进我们的内心。一旦觉悟，我们将开始每时每刻过着从心所欲的生活（如图5－5）。我们将能够无私地付出，从容地领受、接纳改变，无论是在生活中，还是在人际关系和工作中。我们卸下盔甲，无须再提防什么。我们与自己平和共处，因此过得开心、宁静。

对于我来说，“都市行者”自相矛盾的形象传神地表

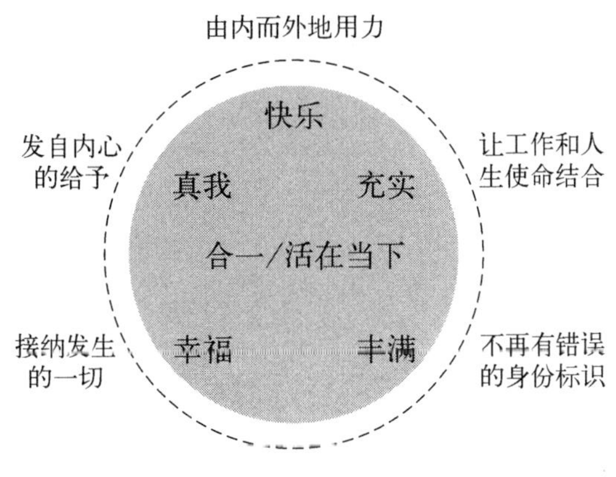

图5－5　内外合一地活在当下

达了弥合隔阂的精髓。正如“都市行者”的形象所示，人们与外在和内在的世界都保持着联系，并且在两个世界里出入自如——身着商务套装，却同时过着僧人的精神生活。例如，由于工作所需，你可能身着警服，外表看起来很严肃，但这并不影响你在执行公务的同时感受自己的内心。你可能穿着面包师的围裙，同时享受着烘烤面包的工作，因为你的目标就是做出美味的面包供别人享用。作为首席执行官，在内心“僧人”的引导下，你可以开创服务社区的业务。这便是弥合隔阂的本质所在。如果你未曾亲身体验，做一个“都市行者”听起来可能像高难度的杂技表演。然而，一旦弥合了隔阂，你就会发现，其实这易如反掌。

当我们持开放的态度接纳生活中的事物，允许它们顺其自然地发生时，自然而然地，我们的生活中便会出现最恰当的人和最合适的环境。当我们身上自然地流动着强烈的爱意时，我们就会确信，自己已经完全放开身心，自由自在。这便是真实永恒的快乐。

第六章 探索内心世界

内在人生是我们的个人潜质和人生使命逐渐展开的过程。它把我们内在的激情、天赋以及它们在外在世界的展现统一起来。内在人生是我们与生俱来的旅程，它意味着听从内心，找到自己人生的意义。

内心世界

我们可以把内在人生形容为英雄之旅，正如神话学专家约瑟夫·坎贝尔[①]在他的著作中所描述的。在自身演变的永恒模式中，他概述了所谓的“英雄之旅”。在传统的信

① Joseph Campbell, *The Hero with a Thousand Faces*, New York: Pantheon, 1949.

仰和思考方式遭到挑战之后，“英雄”从无意识的状态中觉悟，从此踏上了“英雄之旅”。“英雄”审视内心，听从召唤，踏上探险的征途，探索未知。跨过这道门槛标志着内在人生的开始。

一路上，“英雄”面临种种挑战。虽然他最初因为重重困难而拒绝接受挑战，但它们仍然以不同的方式出现，直至他完全接受挑战，并妥善处理。“宇宙”以不同的方式指引着他，在他需要帮助的时候施以援手，或充当导师，或提供他所需要的其他资源。但“英雄”必须打开心扉，并有足够的觉悟，才能够辨认、接纳“宇宙”提示的信息。带着新的智慧和觉悟，“英雄”经历了一场蜕变，达到与“真我”合二为一的境界。最后，他得以在外在世界重生，并且基于他在人生中获得的经验和智慧，为别人的人生之旅带来启迪和指引。

内在人生并不是神话英雄身上独有的或是虚构故事中的事。它是一种生活方式，引领我们持久地感受到喜悦、快乐和内心的宁静。每个人都有权利得到平静和满足。正如我们在“英雄之旅”中所看到的，我们一生中都曾经历过相似的瞬间。有时候，我们会感受到觉悟的提升，情不自禁地慨叹“原来如此”；有时候，我们又会灵光一现，内心顿悟。然而，在日复一日的生活中，这种经历出现的频率又有多高呢？

提升了对自己和世界的认知后，我们的生活将蕴含着极其强大的能量。就像使用调校得很精细的仪器，我们将可以更清晰地看到自己真实的道路，实现个人的最大潜能。不管我们现在处境如何，生活总会为我们提供各种各样的可能性，超乎我们的想象。我们的想法很容易随周边环境的改变而改变，这将是我们所面临的主要挑战——它喜欢停留在自己的安全地带，并营造熟悉的、可以预见的格局。当我们的认知力达到一个新的水平，或当我们快乐无比时，就会忍不住想“就这样吧，我终于到达目的地啦”。于是我们重复做着同样的事情，试图留住这种满足的感觉。但很奇怪的是，这种做法并不总是灵验。为什么呢？因为边际效益递减的法则在自动发挥着作用，多次经历相同情况，带给我们的满足是不一样的。在下一章中，我们将探讨在内在旅程中可能面临的挑战。

有些人刻意寻找内心的“真我”，或竭力挖掘到最高的潜能。但不幸的是，经过很多次尝试后，大多数人还是不能找到自己孜孜以求的东西，因为内心的“真我”是无法“找到”的。我们不可能找到内心的“真我”，因为我们与内心的“真我”浑然一体：它从未真正丢失。停止寻觅，开始静静地观察自己，我们一直在寻找的东西就会自动出现。当我们弥合了内外世界的隔阂时，这种情况就会发生。消弭了隔阂，我们仿佛可以看到不受外在“自我”摆布的灵魂，我们可以感觉到它的存在，仔细地观察它。就这么简单，什么也无须做，什么也无须发生，什么也无须改变——把注意力从外在世界转向内心世界，这就可以了。

在《道德经》里，先贤老子将之化为美丽的诗句：

> 洼则盈，
> 敝则新，
> 少则得[①]。

正如“都市行者”的形象所展现的，诗里面的言辞是自相矛盾的。放空自身意即超越“自我”，听从心灵的指引行事，这既是虚无，亦是盈满。放下“自我”，我们将获得新生，因为“自我”的消亡将换来精神的新生。放弃一切——我们对事物的依赖、我们的“自我”身份象征、我们的恐惧——灵魂才能觉悟、心灵才能回归，这将为我们带来自己所需要的一切。

我们需要有勇气才能发现内在的世界。我们必须相信自己，顺其自然，跟随直觉和自己的内在人生，对事物持接纳的态度。我们必须自愿放弃固有的想法、信仰、消极情绪和种种身外附加之物，因为它们已不再有益于我们的内在人生。开始的时候，我们可能会觉得不舒服、不

---

① Lao Tzu, *Tao Te Ching*, Stephen Mitchell, trans., New York: Harper Perennial, 1991, p. 22.

自在，但这只是暂时的。比如，以往的经历所带来的不安情绪可能会浮现；或者，我们可能面临不确定的前景和新的挑战。但是，随着我们更多地了解自己内在的本质和爱好，我们的道路将变得越来越清晰，越来越平坦。我们可以把内在人生比喻为一口井，它带有特别的单向运转的水泵，一旦打开，就无法再关上。把手柄抬得越高，涌出的水就越多。同样的道理，一旦我们开始内在人生，它的过程也将自然展现。我们只要顺势而行，而不必知道它在哪里终结。

你已经走上内在人生了吗？

不管从事什么工作，你都可以进行内在人生之旅。其实，你可能已经开始这一旅程，只是自己还没有意识到。

问问自己：

- 我工作，主要是为了金钱，还是为实现人生的使命？
- 我工作，是为了施，还是为了得？
- 我喜欢自己的工作吗？

这些问题的答案揭示了内在和外在人生之间的差异。例如，工作可以仅仅是为了金钱，也可以是出自内心以服务他人为出发点，两者将使你体验完全不同的人生。如果你并不热爱自己所从事的工作，生活看起来会荆棘满途，因为你努力的方向与内心的“真我”背道而驰，抗拒由此而生。你可能会以为，一个在餐馆清洁地板的女工永远不可能喜欢自己的工作，毕竟，谁会喜欢这种单调的劳作？但我碰到过这样的人。我问她们，工作中会有什么乐趣。有人回答说，“这对我来说，就是一门艺术。”听到她这样说，我知道她已经走在了内在人生的大道上。她对自己所从事的工作没有丝毫抗拒，或多或少的，她认为它展现了自己内心的“真我”。她就像一个“都市行者”，实现着自己所认定的人生使命，不在乎别人怎么看。

每个人生来都有自己的使命。只有了解自己真正的使命，追随内心的感受，你才能够享受到生活的甘美。就像漫步于森林中，你可以选择大家所走的路，它是现成的，安全又可靠；你也可以选择自己最喜欢的道路，虽然它看起来未必安全。你最喜欢的道路可能就是大家所走的路，也可能从未有人踏足过。如果你听从内心的召唤而做出选择，那么，不管最终选择了什么道路，你都会发现内心潜藏的财富和智慧的宝石，并得到意外的收获。

让自己更清醒、更有觉悟

在内心世界里，我们因悟而知。我们可以把这种领悟理解为对现实的直接感受。它未经过滤，不受固有的思维和守旧观念的干扰，是发现“真我”的关键。由于它摒弃了先入之见，因此每时每刻都焕发着崭新的生机。

我说的清醒指的是一种稳定、持续的觉悟状态。在这种状态下，我们敞开胸怀，接收来自周围环境和生活处境的种种启示和预兆。它不涉及理性的推理；不要分析、评判或诠释，只要耐心地倾听、观察；按原样接收信息，不要为经历贴上标签，分门别类。当然，我们的想法可能仍然活跃于理性的王国。然而，只要用心聆听，保持觉悟的状态，我们将不再纠缠于这些想法中，受其束缚——它们决定不了我们对于现实的体验。

觉悟赋予人生经历新的意义。问问自己，为什么你以独特的方式存在，为什么你的人生中会有这样而不是那样的遭遇。这将引领你进入认知和探询的过程。我们这样做，并不是为了找到一个放诸四海而皆准的答案。尽管如此，提升觉悟将充实你的智慧，使你能够更好地做出决定，并使你的生活方式符合自己的心愿。只要经常在日常生活中练习提升觉悟，我们每个人最终都可以到达自己的目的地。觉悟将使我们以开放的心态迎接生命赐予的礼物——无论它是极平凡，还是极伟大。为此，你必须走出自己营造的温室，坚定地迈向自己的核心本质。

这并不是什么高深莫测的道理。你只要坐下来，拿上一本书、一杯咖啡或茶，便可以开始练习觉悟。注意自己的身体：感受脚、腿和触摸书本的手。喝一口茶或咖啡，留意碰触杯子的感觉，饮啜的味道。注意周围的环境：家具、地板、窗户透进的光亮。当你有意识地以这种方式观察时，理性思维将无处容身。试一下看着身边的一朵花来练习觉悟。只要脑中闪过一丝杂念，你就不可能再全心全意地感知这朵花。我们不可能一边思考，一边全心全意地感知这朵花。这是一个很微小的区别，然而在区分觉悟和不觉悟的状态时，所有的差异即在于此。当然，我并不建议你过着没有思想的生活，那很不切实际。但是，如果扩展觉悟，你就可以更纯粹地享受当下。

不要错过任何提升觉悟的机会！其实，每时每刻都会有崭新的机会产生。日常生活中，无论打字、吃饭、行走，你都可以选择处于觉悟或不觉悟的状态。很多人都在无意识中过着日子。我们每天都过着循规蹈矩的生活，好像导航仪已经为我们设定了路线。早上起床，穿好衣服去上班，下班回家吃饭，然后上床睡觉。我们好像被催眠了，外在的世界仿佛成了主人，而我们却变成它的奴隶。

缺乏觉悟使我们忽视了真正的自己，外在世界从而得以灌输给我们各种信息。其实我们并不需要，也不想要这样的信息。我们的潜意识很容易受到影响。比如，电视广告不断轰炸，久而久之，我们总觉得自己必须拥有电视上所推介的产品，才能感到快乐。我们听之任之，受其摆布。这类信息可以绕过我们的意识，直接到达我们的潜意识。接下来的事情很清楚，我们将在冲动中鲁莽行事。而恰恰相反，当今社会，我们需要的是将生活从无意识的状态转化为有清醒认知的状态。如果我们有充分的觉悟，便很容易判断自己行进的道路是否正确。我们是有意识的生灵，自然而然地连接着自己的直觉和内心的感受。当你在生活中碰到别扭的事情时，请问一下自己，“为什么我会觉得不安？它有什么想告诉我的？”留意一下它所传达的信息，认清楚自己究竟有哪些问题要解决，或者自己需要做出哪些改变，才能使生活回到正轨。

停下匆忙的脚步，检视一下自己的觉悟。它究竟有多强健？

问问自己：早上起来，你清醒地意识到自己在刷牙吗？你经常选不同的路线上班吗？你经常思考自己的生活目标吗？这三个问题的重要程度可能各不相同，但它们都反映了不同层次的觉悟。如果我们的觉悟处于最低层次，那么外在世界将主导着我们，生活就像机械的链条；如果我们提升了觉悟，达到较高层次，那么我们内心的“真我”将起主导作用，直觉和内心的智慧将指引着我们生活。

我们的基本觉悟来自训练和习惯。如同我们做有计划的健身，几周左右，就可以重塑身形。培养觉悟也是一样的道理。觉悟就像一块肌肉，需要经常锻炼，才能发挥最高水平。你可以把觉悟想象成清澈透明的水。当我们生活在外在世界时，觉悟变得浑浊不清。只有滤去泥沙，才能使它回归纯净。

觉悟有不同的层次：认识自己、认识他人、认识周边的世界。它们相互联系，相互影响。例如，当你充分了解自己，而对别人缺乏了解时，你可能会对自己充满信心，但却觉得与别人疏离；当你充分了解别人，而对自己缺乏了解时，你可能和别人相处融洽，却很难发现、追随自己的意愿。觉悟越高，你便越容易遵循自己的内在人生，连接自己内心的愿望与潜能。不管处于何种觉悟程度，你都可以发展更高层次的觉悟。

提升觉悟能为我们带来什么好处？当我们的情感、想法和行动一致的时候，我们将摆脱压力、冲突和空虚，消除内心的紧张。了解自己的情感、想法和行动，才可能使这些要素和谐统一。它们之间有时相互促进，有时又相互抵触，认识到这一点，便是通向快乐的道路。不管怎么说，快乐并不是终点，它只是一种体验当下的生活方式。

清醒地生活

生活于无意识的状态时（如图 6－1），我们将不知不觉地受制于外在环境。我们穿着别人认为好看的衣服，吃着合乎大众口味的食物，甚至扭曲自己的想法以迎合别人。如果我们随着外在环境而摇摆不定，那么我们很难铭记真正的使命，了解真正的自己。清醒地生活的秘诀在于走上内在世界的旅程（如图 6－2）。这时，我们的

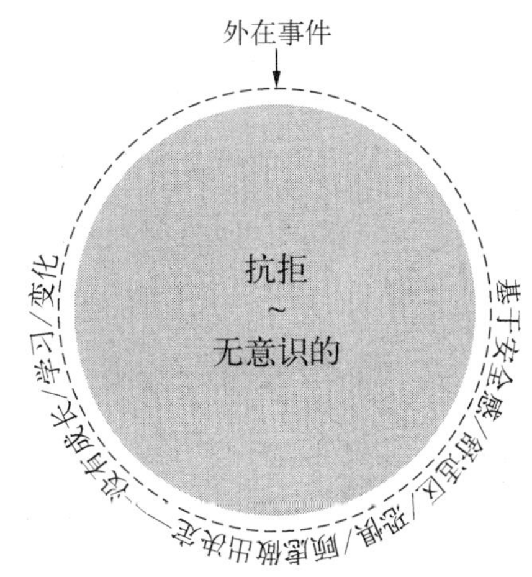

图 6－1　无意识状态的生活模式

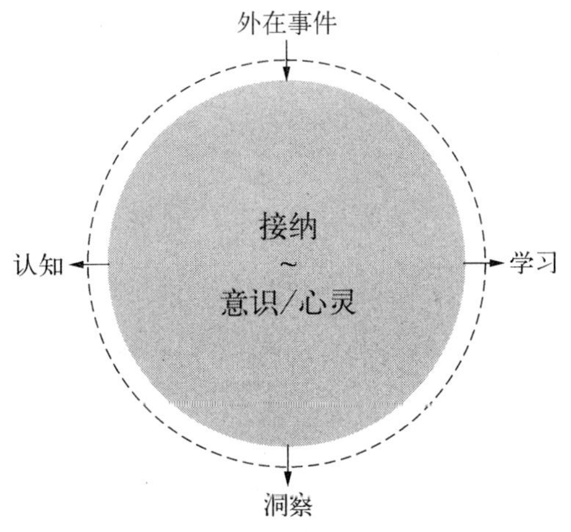

图 6－2　清醒的生活模式

使命和“真我”之间不再有分歧。精神上少些烦扰，自然而然地就会变得更加清醒。

想象自己是一个立志取得金牌的奥林匹克运动员。你的教练就像一面镜子，不断地就你的形体、方法和习惯提出反馈意见。为了取得金牌，你在生活中必须处处小心，饮食或训练中的一点小纰漏都可能影响你的总体发挥水平。清醒地生活就像训练运动员一样，是一个连续的过程。它不在于到达终点，而在于能够不断修正自己的信念和行为，认清现状，并仔细观察、研究现状，相应做出调整，然后继续前进。审视自己需要很大的勇气。我们必须接纳“宇宙”反馈的任何信息，不管自己是否喜欢。只有这样，才能够消弭存在于内在和外在世界之间的隔阂。

学会清醒地生活，我们才能够以更广阔的视野看待生命。就像在黑暗的房间里打开一盏盏灯——每打开一盏灯，屋子里的景象都会更清楚地呈现在眼前。现在的你不再黑灯瞎火地乱冲乱撞，而终于可以看清楚一切，判断自己有没有走对路。事实上，只要我们点燃了第一盏灯，即使一开始灯光微弱，也已经足以驱散黑暗。

将愿望和需求导向内心的使命

在内心世界中，我们想得到某些东西，它能满足我们的内在需求，这一点与外在世界很相似。不同的是，在内心世界中，我们想得到某些东西，并非因为我们“必须”拥有它们，而是因为它们有助于表达“真我”，或提升我们帮助别人的能力。我们一旦真正体会到内心的满足，就不会再感兴趣于那些对我们的心灵毫无助益的事物。要做到从关注外在的欲望和需求转向关注内在的愿望和需求，我们应该先弄明白，对于我们来说，哪些事物是有意义的？当你渴望得到某件东西时，问问自己：我真的需要它吗？我需要它，是为了使自己高兴，还是因为它能够帮助我实现人生的意义或使命？

最近有人问我，无欲无求真的比拥有一切更快乐吗？单纯从外在世界中寻求满足的人总是期待更多的收获。他们可能会成为亿万富翁。然而，如果他们在追求财富的过程中，无法同时连接自己的内心世界，那么，他们就不可能真正地感受到满足、快乐和平静。另外，有些人在外在世界一无所有，却热切地期望得到他们不曾拥有的成功和财富，这样的人也不会快乐。第三类人，他们无欲无求，却毫不费劲就得到了快乐。不管他们是富足还是贫穷，这些都不重要，内心丰富，自然快乐常驻。

让我们看看以下的问题，想想它们有什么区别：

- 有的富人很快乐，但有的富人却郁郁寡欢，为什么？

- 有的穷人很快乐，但有的穷人却高兴不起来，为什么？
- 有人病得很厉害却仍然快乐，而有人因为疾病缠身便愁容满面，为什么？

唯一的区别在于他们是否受自己所拥有的，或未曾拥有的事物所束缚。举个例子，如果一个富有的人不必依靠财富来获得快乐，那么，他并未受财富所束缚。没有了财富，他依然会快乐。对于他们来说，快乐来自内心，他们并不抗拒外在的环境。相反的，如果一个富有的人需要拥有财富才能感到快乐，那么，他的快乐便是建立于财富之上，可以这样说，他们附着于自己所拥有的财富。

有些穷人之所以不快乐，也是出于同样的道理。如果说一个穷人执著于自己拥有的一条毯子，执意认为它是“我的”，那么，如果有一天毯子不见了，他就会觉得不开心。但是，如果他并未执著于拥有这条毯子，而只是把它当成睡觉时取暖的用具，那么，即使毯子被拿走了，他也不会因此失去心中的快乐。当然，寒冷会令他不适，但这并不影响他内心已有的快乐。他不觉得毯子是自己身上的一部分，因此他相信，毯子被拿走了，肯定是有原因的。他相信，“宇宙”会施以援手，提供一条更大的毯子，或买新毯子的钱，或者其他方式的帮助。

同样的道理，一个病人如果一直想着自己的疾病，就会总觉得自己是受害者，终日郁郁寡欢。相反的，如果他接受了生病的现实，学会接纳身体可能经历的种种状况，与疾病和平共处，那么，他的快乐将取决于自己的内心状态，而不是疾病本身。

这些将带给我们什么启示？它说明了，如果我们想得到真正的快乐，就不能依赖当下外在拥有或未曾拥有的事物。现在所拥有的一切可能很快消失得无影无踪，反之亦然。因此，我们应着力于培养自己不依附于任何事物的独立精神，这是面对愿望和需求的最佳方式。不依附于任何事物并不意味着你要放弃自己所拥有、喜欢的一切。它并非倡导你甘于贫穷，一辈子过着艰苦的生活。它只是意味着，你就是你，无论身外之物如何变迁。这就是保持快乐的秘诀。

这又引发了一个新的问题：我们要怎样做，才能够既获得经济上的成功，同时又能够坚持不依附于任何事物的独立精神？请看图 6－3，它解释了挣钱的两种方式。

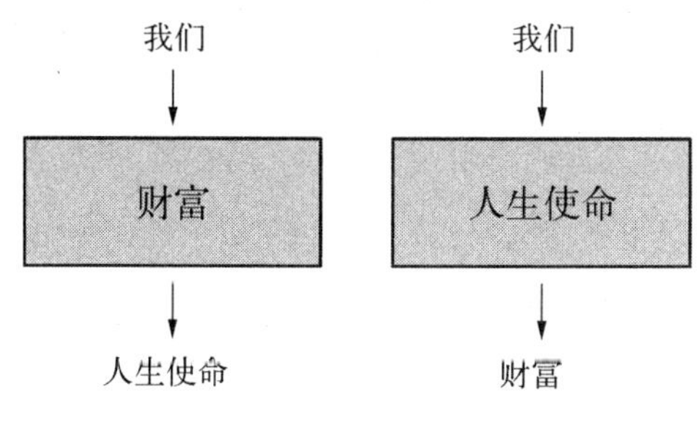

图 6－3　两种赚钱方式

一种方式是努力赚钱，越多越好——我们从小就被灌输这样的想法，先完成原始积累，再寻找自己的生活目标。很多现在四五十岁的中年人都是这样走过来的。他们发现自己虽然在社会上、工作上很成功，但在生活上却不尽如人意，因为在过去的二三十年里，他们忽略了心灵的滋养。除非他们能重新定位，找回真正的自己，否则他们将继续过着不愉快的生活。

另一种方式是，先找到自己的生活目标，然后再开始赚钱。这样的话，你就听从了内心的召唤，而你就是自己心灵的体现。这将把你带向一个有意义的旅程——你将享受旅途中的每一天。虽然你没有像前一类人一样，把赚钱放在第一位，但你照样可以和他们一样富有，而你的快乐不会依附于财富本身。

通过知识学习还是通过认知学习

我们都知道“知识就是力量”。在外在世界中，知识的积累至关重要。只要具备计算、阅读、书写等能力，我们便能够工作，然而我们并不会只满足于此，我们的身份依附于我们的成绩：如果我们在学校里取得好成绩，我们将会得到称赞，从而认为自己很有价值；如果我们的成绩较差，就会觉得自己没有价值。我们将自己等同于取得的成绩，我们炫耀学位，把它当成佩戴在胸前的徽章。

知识越多，我们就越觉得自己越重要。

当然，高智商和好成绩能够帮助我们取得外在的成功。但是，这些知识与我们找到生命的意义、使命和内心的“真我”之间没有必然的联系。在内心世界里，获取知识本身意义有限。博学未必能让我们变得更明智、更幸福或者更充实。如果我们想在内在旅程上求知和成长，就应该让自己更善于感悟，而不是局限于博学本身。我们需要通过感悟和亲身体验来学习。

不幸的是，在学校多年的学习却甚少让我们接触自己的内心世界。实际上，许多人在孩提时代还有能力接触自己的内心世界。但当他们进入学校后，学校、老师既不重视也不培养他们在这方面的能力。在这样的氛围下，最终他们还是慢慢丧失了感悟能力。我们在很多方面的教育都驱使我们背离感悟，而专注于培养学识。于是，当我们大学毕业进入外在世界时，我们虽然已经准备好在外在旅程上大展身手，却没准备好运用自己内心的智慧。

作为成年人，我们确信自己有能力去分析、归纳、解释世界上的任何事物。我们理智地分析一切经历，再做出各种人生抉择。然而，我们并没有意识到对于世界的种种解释完全基于学识，这势必把我们与自己的内心世界完全隔离。当我们开始探索内在旅程时，我们不应过分注重知识积累，而应更多地强调通过感悟来学习。我们应该乐于让那些我们不曾了解的东西进入我们的生活。举个例子,想一下你是怎样阅读本书的。如果你仅仅用它来获得更多的学识,诸如记住一些生僻的术语,以及它们在人生之旅模型中的次序,那么,你将无法理解我所讲述的内容,也不可能留下深刻的印象。相反的,如果你阅读本书的出发点在于通过感悟来学习,那么,你在阅读时将会留意自己的内心体验,从而体会到如何将我的理论运用到自己的生活中。你将为自己开启发现“真我”的旅程。

过去、现在和未来

生活在外在世界中,一切都围绕着过去和将来;然而,在内心世界中,我们只活在当下。也许你听过“全然地活在当下”和“当下是一种恩赐”等说法,或者有人说某人能“享受当下”。但这些说辞具体意味着什么,我们又为何要更关注当下呢?活在当下意味着无时无刻不在全身心地体会和感受自己,以及周围的世界。乍一看,这似乎只是一个简单的概念,但其实“活在当下”实践起来却很有挑战性,在当今快节奏的社会中尤为困难。我们头脑中的各种想法把我们的注意力引向不同的方向——通常偏离了目前的处境。在外部力量的作用下,我们无法全方位地体验当下。我们无法享受当下,从而错失来自周围环境以至深邃“宇宙”的各种启示。我们不断地探究过去或将来，反而忽视了当前一刻，使它降格为某种达到目的的工具。总结起来，当下之所以重要，仅仅因为它是我们的唯一所有。佛陀有言：“不悲过去，非贪未来，心系当下，由此安详。”

在外在世界的经历包括记忆和体验。它们可能是好的，也可能是不好的，视当时你如何理解而不同。譬如，以前人们说你是一个很一般的篮球运动员，那么这个印象至今都伴随着你。如果有人说你是一个好作家，你就会觉得自己是一个好作家。这就是身份认同的形成过程。我们在外部世界的经历是一种参考，我们以此为现实。通常情况下，我们基于以往的记忆和信念来做出影响未来的决定。有一个听过我讲座的人说，他觉得自己的人生停滞不前，因为他对自己印象不佳。当我们深入探讨后，他发现这个信念源于小时候他父亲称他为懒虫。于是，懒惰成为他的一个标签，使他停滞不前。参加完我的讲座后，他终于抹去了这个印象，腾出空间，以全新的视角看待现实，活在当下。

我们在外在世界的未来只是自己设想的目标。我们期望更好地生活，这是我们前进的动力。例如，我们会告诉自己，将来生活会更幸福，或者我们的工作、家庭、人际关系会越来越好，诸如此类。我们不断地筹谋、计划，可不幸的是，我们中的大多数人却似乎从未找到自己内心渴求的平静和满足。有些人也许过分关注未来可能发生的灾祸，一直被一些“如果发生这样的事，我该怎么办”的问题所困扰，比如，如果失去工作、如果生病了，或者如果发生自然灾难，我该怎么办？

难道这意味着你要抹掉过去，或者不要规划未来？这并非我的原意。你的确经历了过去，但那些是你在过去的当下，而不是现在的当下。如果你享受迈向未来的工作过程，这时，拥有目标是一件好事。无论如何，我们应该意识到，将来的目标和使命无非就是你今天努力的成果。再说，你的生命历程必将自然展开，无论你如何设计，生活本身将把你带到彼处，即使你不关注它。

我的忠告是，你要了解自己的人生使命，并定下一系列的小目标来达成该目标。目标的期限以三到六个月为宜。如果目标定得太宏大，期限太长远，你将很容易偏离目标。人们通常规划好职业生涯的前十至二十年，定下宏大的目标，但当他们实现目标后，却发现自己仍然需要寻找新的方向。结果，实现目标后，他们又必须踏上通往新目标的征程。每当我需要在生活中做决定时，我都会问自己：“这样做的话，会给我当下的生活带来裨益吗？”如果答案是肯定的，我便下定决心，全力以赴。

你是否注意到，通常你度假回来后，便明白自己生活中需要做出哪些改变。如果你有这种感觉，很可能是因为度假时你拥有一段完全属于自己的时间，没有太多杂念。每当我们关注当下时，内心的答案便会不知不觉地浮现出来。通常当我们回到办公室后，又会很快重新关注外在世界，我们的心灵再度退到幕后。很多人习惯将幸福推后，或将自己真正向往的东西放在一边，因为他们总认为，自己有更重要的事情要处理。譬如，他们需要升职，需要赚更多的钱，或者需要找到好伴侣，做完这些之后，他们才具备改变的能力。在此期间，他们搁置了自己的幸福，改变也没有如期而至，幸福永远都是一个梦想。不要搁置幸福，它可能一去不复返。活在当下意味着享受做事的过程，它意味着了解自己，了解自己的所作所为。

让我告诉你另一个例子。你上一次品尝食物是什么时候？这好像很容易回答，但我指的是"真正"的品尝。通常你是因为肚子饿才吃饭。你知道吃的是什么，却不能够真正地品尝食物。怎样才能进入当下？吃一口食物，先别想着它是什么味道。集中意念感觉口中的食物，让舌尖体会它的滋味，就好像是你第一次吃到这种食物。吞下之后，等几秒钟后再吃第二口。不要说话，细细感受。试一下这样做，看看自己是否在享用食物时得到更多的享受，是否留意到之前未曾品尝到的细腻滋味。

我鼓励你寻找更多新的方法，尝试让自己更多地感知当下。看看哪种方法适合你，不管是呼吸、饮食、冥想，还是其他任何形式，只要它能够使你体验当下。我经常做的练习是，当我在户外散步时，感知是什么抚触我的皮肤，不要急于给它命名或者给它打上标签。如果那是寒冷，那我就接受寒冷，不加抗拒，我感受皮肤上的寒冷，让自己停留在寒冷的当下。如果是阳光洒在皮肤上，我会感受到阳光的热量，并享受着这种感觉。更多地驻在当下，忧虑会渐渐减轻，心灵和直觉就会获得更多茁壮成长的机会。

第七章 挑战

我们在日常生活中都面临着各种各样的挑战。我们以不同的方式看待、应对挑战，从而出现完全不同的结果。正如M·斯科特·贝克所说的，“生活充满艰辛”[1]。这是诸多重要真理中最伟大的真理。当我们真正认识到生活的艰辛——真正理解并接受这个事实时——生活便不再艰辛，因为我们只要持接纳的态度，就不会在乎生活的艰辛。

接受挑战

面临挑战时，我们有两个选择：

① M. Scott Peck, *The Road Less Traveled*, New York: Touchstone, 2003, p. 15.

我们可能会抗拒挑战，假装视而不见；我们也可以留意、接纳挑战，消除心中的恐惧、忧虑或其他负面的想法。你可能想问，“有没有其他选择呢，比如直接采取行动？”在遇到挑战时，如果你马上采取行动，你很可能带有恐惧、愤怒等情绪，因为你的“自我”会冒出来为自己辩护。你容易凭一时冲动，不假思索地做出反应。然后，你可能又会觉得自己的反应不太合适，就像扳机尚未扣到位，子弹却已破膛而出。我建议你留意、接纳挑战。这样，你才能够摆脱外在环境的影响，更多地听从直觉来采取行动，而不再受到情绪的干扰。有时候，你要耐心等待一段时间；有时候，你几乎瞬间就能察觉自己的直觉。

有一次，我花了很长时间为台湾的 TEDx 公司准备讲座。我希望一切顺利，因为这是一个很好的机会，能够让公众知道我的想法。演讲的前五分钟进行得很好，可是，当我示意工作人员，可以开始放映幻灯片时，电脑突然坏了。我面对大家，没有幻灯片可演示，这真是一个始料未及的挑战。怎么办？我开始笑了起来，告诉大家说，“人生中什么事情都是有原因的。我不知道为什么会这样，但是……”。大家都笑了起来。我接着说，“有人想讲个有趣的笑话吗？请站到台上来。”

电脑坏了，摆在我面前有两个选择：心烦意乱，消极反应；或接受现实，跟随内心和直觉往前走。其实，生活中遇到大大小小的挑战时，我们都会面临这样的选择。

我们应该把挑战视为成长的机会，接受挑战，坚信自己不会被打败。从“宇宙”降临的挑战从未超越我们的能力。除了自己，没有别人能够阻碍我们面对挑战。逃避困难、怪罪别人只是意味着抗拒发生在我们身上的事情。这也是常见的一种抗拒的方式，我们必须认清抗拒的不同方式。走向接纳，虽然一开始会相当费劲。

当我们生活在外在世界时，“自我”需要得到关注和满足，我们面临的问题和挑战通常来源于此。我们常常不知不觉地讲起别人的缺点，指出周遭环境如何对自身不利。永远是“他们”——外在的因素——在主宰着我们的感受。在外在世界中，我们总觉得自己是受害者，别人甚至自己就是祸根，并生活在这种想法的阴影中。沉湎于自责中不能自拔，同样是不能舍弃“自我”身份的表现。

我们看到，虽然一切与“自我”相左的事物似乎对它构成威胁，但“自我”仍然不断追求挑战，乐此不疲。挑战和冲突使“自我”不断壮大，“自我”完全不在乎随之而来的消极状态，比如愤怒、恐惧、挑衅和忧伤。当然，有时候我们自以为不喜欢挑战，还经常庸人自扰，担心面临挑战时会出什么差错，但其实这种忧虑也滋养着“自我”。

外在世界的挑战是对我们的考验。我们越将生活的重心放在外在世界，越会面临更多的挑战。在人生之旅模型（图 3－1，本书第 31 页）中，挑战在一开始就出现了，因为我们还没有找到“真我”。你可能每天都会觉得生活中缺少些什么，或者碰到一些令人不愉快的事情。同样地，每天你都可以重新选择过外在人生还是内在人生。

所有的挑战都会带来连接“真我”、开始内在人生的机会。挑战因人而异，它们注定专属于你——相同的情况别人应对起来可能游刃有余。你所得到的答案也只适合你自己。别人可能会给你提建议，或帮助你解决问题，但归根到底它仍然是你的课题。这也是一个机会，让你能够更加紧密地连接自己的内心。

在外在世界中，很多人终其一生纠结于自己所认定的挑战。这更加大了内外世界间的隔阂，使它们无法连接。成千上万的人过着痛苦的生活，因为他们觉得自己既不能接受、又无力战胜生活中的挑战。他们宁可在痛苦中勉强度日——那样的话，他们至少能引起别人的关注和同情，从而使“自我”觉得好过些。

生活对我而言，始终是一个挑战，直到有一天，我终于接纳了发生在我身上的一切。我不再抗拒改变，而是开始拥抱它。那一刻，我开始了内在人生。虽然在人生之旅模型中，一开始挑战就出现了，但其实在任何阶段，我们都可能会碰到挑战。从宏观的角度可以清楚地看到，我们在一生中都在不断地学习和成长。生活中我们会不断碰到挑战，直到我们终于明白其中的道理。事实上，“宇宙”好像存心故意，让我们在生活中碰到相同的挑战。比如，我认识一个人，他很讨厌喜欢挑刺儿、口无遮拦的人，每次他碰到这样的人，都会表现得很不耐烦、很生气，不明白自己怎么老躲不开他们。他应该明白，自己应该学会原谅别人，不要按照自己的道德标准评判他人；否则，他还是会不断地碰到挑剔、心直口快的人。他必须学会与这样的人相处，接纳自己所感受到的痛苦，然后放下它。“宇宙”会使他不断碰见这一类型的人，直到他明白个中的道理。

有些挑战难度很大，有些则很容易应对。我们碰到的困难越多，战胜的困难越多，就会越清楚自己想要什么，不想要什么。但我们不能够坐享其成。如果挑战存在于我们的思想中，我们就应该着手处理，否则问题将永远存在。

内心世界的挑战

在内心世界中，不存在真正的问题或挑战。“问题”一词是思想的产物。在内心世界中，我们会把挑战视为恩赐，它使我们有机会改变和成长。这些挑战使我们能够跳出条条框框，在旅途中更进一步。当我们碰到挑战时，应该顺其自然，不要试图绕路而行。面对挑战，接受挑战，然后让它过去。只要我们不抵制、不抗拒挑战，它们终将会过去。当我们决定放手时，挑战将不复存在。

只有我们的思维才会紧抓着挑战不放。当思维趋于平静时，挑战就会消失。我在前面介绍了快乐和痛苦的区别：当我们不再执著于自己的所有时，痛苦便会烟消云散。同样的道理，当我们心境平和，不再执著于挑战时，挑战便化解了。存留下来的，只是从这一过程中学到的经验教训，这是赐予我们的礼物。

应对挑战的一个方法是聆听自己内心的声音。内心的"真我"永远知道自己应该如何正确应对挑战，因为它了解周边环境的能量，并且与来自"宇宙"的巨大能量相协和。所以，我们应该留意内心的感觉和信息。学会相信它们，它们将为我们指引正确的方向。老实说，一个不相信自己内心的人，就像枯叶于瑟瑟秋风之中，飘荡无依。

朴卿和与我最初抵达上海时，我们住在一个租金低廉的服务公寓里。与我们之前的生活方式相比，落差很大。我不希望因为自己的决定——追求更有意义的事业——而使她遭受生活之苦。我告诉她可以挑自己想住的地方，只要我们能够支付得起。她说这不可能，因为她想住的环境优美的社区，租金至少要每个月 1 500 美金。我们确实没有这么多钱。在我们出去找新公寓的前一天，我让她和我一起坐在床上，双手并拢，祈求"宇宙"帮助我们找到理想的居所，而且租金只要 900 美金。我想象着这个价位的理想公寓，默念着，"请帮我们找到一处我们付得起房租的好房子。”我向“宇宙”祈祷，也向自己的内心祈祷，我知道这些信息最终必将联系在一起。可以这样说，这些话出自我的内心，指向我的内心，并且最终只有我的内心才能给出答案。第二天，我们终于找到一处好房子，完全符合心目中的要求，而且租金只要 900 美金，事实上，它是我们住过的最好的公寓！

每当我遇到挑战时，我接受它，让它继续存在，然后在心里想，要怎样面对挑战，并跟随内心的指引。通常理智并不认可我内心所做出的选择，因为它看起来不合逻辑。例如，当内心的“真我”建议我创作一本生命指南时，我的理智认为这不可能，但我心里觉得未尝不可，于是就继续前进。结果，我创建了本书中的人生之旅模型。

顿悟或找到人生使命并不意味着我们不会再遇到挑战。豁达的人与常人的区别在于如何看待挑战。常人把它当作一个难题，而豁达的人则迎接挑战，然后放手让它过去。

内心世界的挑战会加速我们的人生之旅。例如，禅宗大师经常向信徒们提出问题或挑战，以帮助他们获得精神上的领悟。大师会驳回信徒用理智编造的答案，让他继续冥想。当信徒意识到问题并无标准答案时，大师才会认可他的正觉。当然，我们未必能碰上一位考验我们的禅宗大师，但只要多关注内心世界的挑战，我们在精神上也可以获得同样的领悟。

每个人的目的地各不相同，因此，我们将会碰到不同的挑战，但每个人的旅程都是一样的。为了迎接旅途中的挑战，我们必须培养信任的能力，以及顺其自然的达观态度。下面，我将详细解释这些步骤。

面对恐惧

恐惧使我们在生活中却步不前。害怕失败，害怕被拒绝，害怕损失，这些都令我们退缩。恐惧来源于我们对外在世界的执著。我在第三章中提到过，“自我”会排斥任何令它觉得不安的事物。当我们想深入探索未知领域、尝试新事物时，它会阻碍我们，使我们犹豫不决。在人生之旅模型中，恐惧出现在起点附近，因为它通常是我们碰到挑战时的第一反应。然而，每一天都是新的起点，我们每天都可以在忧惧和信任之间做出选择。

几年前，我厌倦了笼罩在周围和内心的雾障，决定逐个面对恐惧。为了突破公共演讲的难关，我尝试新的事物，主动和陌生人交谈。有时一连数日，我排满了讲座，让自己面对陌生的群体。我不再逃避与陌生人交谈，而是珍惜每个出场的机会。

我花了两年时间来消除这些恐惧，但这是个愉快的过程。我认识到，每接纳一个恐惧，我们的生活中就会少一些抗拒，接纳还有利于弥合内外世界的隔离。如果我们只是把恐惧看成自己对外在事件的理解，消除恐惧就不再那么困难。现在，我已经没有任何恐惧，因为我明白其实真的没有什么可失去。我们能丢掉的唯有身份、“自我”。以前，当我站在公众面前或碰到陌生人时，我的“自我”就会开始担心：他们是怎么看我的，我会不会说错话。现在，我不再为此而忧虑，因为它们已经不再是我的身份识别。

培养信任的能力

我刚被解聘时，觉得自己就像跳下飞机后的自由落体状态，且没有降落伞的保护。这种感觉是如此强烈。一方面，我感受到无边的自由和宽慰。我自由了，没人再指派我做这做那。另一方面，我放弃了稳定的收入、医疗保险、由公司负担租金的公寓、商务旅行挂账号的资格、公司宴会，还有很多诸如此类的东西。我感到深深的恐惧，一种陌生的恐惧。

在接下来的日子里，我根本无法理性地思考。我的安全感和保障都没有了，只剩下两个选择：回到商务环境，找回失落的安全感；或者相信生活会指引我走上正确的方向，一切都会好起来的。我选择了后者。突然，有趣的事情发生了。我仍然处于自由落体的状态，但现在好像有空气托举着我，我能够通过它控制自己的行为。我漂浮在信任的气流之上，从周围的一切中解放出来，无拘无束。如果我一开始没有冒这个险，没有正视自己的恐惧，这一切都不可能发生。我必须进入自由落体状态，才能求得自身的解放。它把我领向爱情，领向我的使命，引领我写完本书。

为什么我们难以相信别人？因为我们害怕别人的评判，害怕做错事，害怕迷失自己。正视恐惧，开始以信任他人的方式行事，这是解决问题的唯一办法。不加抗拒，顺其自然，才能培养起信任感。不加抗拒并不意味着屈服，它意味着敢于冒险、抛开恐惧，以及我们对自己的人生所持有的特定的想法。采取顺其自然的做法，第一次很可能是最难的一次，但只要多以信任的方式行事，这将会变得越来越容易，几乎毫不费力就可以做到。我们可以听任“宇宙”更伟大力量的安排，仅仅活在当下，与他人及自己和谐共处。

顺其自然通常涉及以下的方面：

- 留意自己的感觉。
- 接受自己的感觉。
- 问问自己，这种感觉对我们来说意味着什么？
- 跟随感觉做出恰当的改变，踏入未知，顺其自然。

让我们举一个具体的例子。假设你在家里和自己的伴侣争吵，或在工作上与人有纷争。在这种情况下，要做到顺其自然，你可以：

1. 在回应之前等待两到三秒钟。

2. 留意自己的戒备心理或其他消极反应。

3. 决定自己该做出什么反应。注意，它应该是来自心理的自然反应，而不是来自“自我”的冲动反应(图5-4，本书第61页)。

在某些情况下，听从内心的召唤最初好像把你带进更糟糕的境况。你可能会觉得，顺其自然，不与对方抗争，你将会迷失自己。你想信任别人，但却害怕失去自我。恐惧将由此复苏，尤其当你第一次凭着信任行事的时候。你的理智可能又会占了上风，在这里我要告诉你，一定要坚持！多给它一些机会，你将会惊讶地发现，当你乐于信任他人时，一切将以不同的方式呈现在你的面前。

有一次，朴卿和在机场阅读一本关于精神修炼方面的书。她把它放在座椅旁，忘了带走。在飞机上，她很不开心，因为她很想看那本书。我告诉她说，可能发现它的人刚好这个时候也需要看这本书。她于是觉得很宽慰，接受了不见这本书可能是最好的结果。

日本禅师盘珪永琢曾经说过，“我们只知道一种奇迹——让自然主宰自己的进程，不要横加干涉。”这真是非常简单易懂的指引。饿了就吃，困了就睡，不见了一本书，就看另外一本。换句话说，不要强硬改变生活的自然节律。不要仅仅因为别人的游说、书里的理论或科学的验证，就尝试改变外在的事物。任其自然，一切都会自然而然、顺理成章地改变。

听从直觉

培养了信任感后，下一步就是把它应用到生活中的各个方面。在第五章中，我们谈到如何听从内心，率真行事。我提到过用抛硬币的方法来帮助你做出决定，而不必经过深思熟虑。你试过这个方法吗？你曾经仅仅因为心里觉得没错，就毫不犹豫地采取行动吗？这就是我想讲的更深层次的感觉——直觉，它知道什么东西适合自己。

听从直觉是人们在内心世界中面临的最大挑战之一，尤其当我们从外在世界过渡到内心世界的时候。很多人想得到安全和保障，坚守住自己拥有的东西不放。然而，执著于外在世界的任何事物都将阻碍我们获得自由。人们需要一个可供借鉴的模式来实现转变。我们应该借助于信任感，听从内心来采取行动，而不是受恐惧所驱使，凭借理智和知识行事。这样做可能会很难，因为理性和心灵的双重性从小就伴随着我们。我们从小就被教导，要相信逻辑推理，依靠理性思维来做出决定。社会通常拒绝接受未经科学证实的理念。很多人有过理性无法解释的奇异经历。他们通常被冠以怪诞之名，为提倡术业有专攻的世界所不容。如果我们仍然围着自己的想法打转，我们将原地踏步，停留在同样的模式中，为自己营造相同的环境。由于“自我”控制着理性，因此，单纯靠逻辑思维做出决定实际上滋养着“自我”。如果我们仍然依赖逻辑思维，便无法体会到内心“真我”的智慧，逻辑思维将使我们越来越远离真理。

在人生之旅中，直觉和内心的情感就是最强而有力的向导。它们早就知道自己该何去何从，我们应该时时处处学会聆听内心的声音。生命中的一切都有着必然的联系，而情感就是联系我们和周遭环境的纽带。从理智转向情感简直就是一个 180 度的大转变，我们要怎样才能做到？如果理智多年来一直活跃忙碌，主宰着一切，内心将会忧虑重重，无法现身。与自己对话将帮助我们连接内心的“真我”。例如，我们可以对自己说，“对不起，我一直对你视而不见。请你勇敢地站出来，没关系，不会有危险的。我会在你身边保护你。拜托了，我需要你的帮助。”

如果我们单纯依靠理性过日子，生活将索然无味；但当我们听从直觉的指引时，内心世界将会变得丰富多彩。

很多艺术家和音乐人发现自己思维停顿，进入无念的状态时，往往能创作出最佳的作品。一切就是这么奇妙，因为有一种更伟大的力量取代了我们的理性思考。想象一下，如果大家都不再单单倚重于理智，而是更多地追随直觉来为人处事，世界将会是什么样子！

“自我”将不停地以各种问题扰乱视听，使人们的思想一刻也闲不下来。它很清楚，如果它安静下来，很可能我们就会意识到“自我”毫无价值。精神层面的问题其实并无标准答案，也不需要有。我们可以用事实来回答理性问题，但精神的困惑却不会有确切的答案，我们只有停止思考，才能在自己心中找到答案。

当然，如果我们只是努力抑制自己的想法，这也不会奏效。我们的脑子里会老想着，“不许胡思乱想！”这样做的唯一效果就是使我们的脑子变得更加忙乱。所以，我们要想想办法说服理智。我们要哄哄它，让它觉得即便我们不再围着它转也没有关系。虽然没有独特有效的办法，但是，只要我们坚持培养信任感，听从直觉，渐渐地理智就会意识到，一切都很好，它可以放松下来啦。

很多时候，我们其实了解直觉的提示，但却不以为意。“自我”会说服我们做出令它自己变得更强大的决定，这种决定却往往与心灵背道而驰。例如，结束一段亲密的关系可能会为你带来极大的自由和宽慰，但你的“自我”却害怕失去对方，以及你曾经得到过的柔情蜜意。直觉告诉你是时候结束了，但出于恐惧，你并没有这么做。此时，你遇到的挑战是如何离开熟悉的环境，去做自己觉得最恰当的事情。

我们经常被告诫要三思而行。然而，面对挑战时，假如我们能够和自己的内心相连接，最好的反应是先行动，然后再思考。自发的无意识行为出自内心，它能恰如其分地分辨出最佳的选择。追随直觉意味着允许自己做出最自然反应，并直接听从内心的指引来采取行动。如果理性思考先行，我们的反应就会变成一系列计算的结果。最终，我们会忙于权衡得失，做出我们认为最有利于自己的决定，即便我们心里总觉得有些不安。所以，永远要跟随自己的第一反应。如果你觉得不对劲，就勇敢地说不；如果你觉得很好，就果断同意。让自己自然而然地做出决定。

顺其自然地生活

顺其自然是“宇宙”最重要的原则之一。在第三章中，我提到老子的道教观念，它提及宇宙自然运转，使万物保持融洽和谐。顺其自然，则不存在挑战，万事都自有安排。

也许你有过这样的经历，当你投身于一个工作项目时，你会忘记时间的存在，进入了顺其自然的状态。由于我们全神贯注于手头的工作，我们所认识的时间已不复存在。不要横加干涉，让每时每刻的生活自然地展开，我们就能够在日常生活中体会到顺其自然。顺其自然就是始终如一地放弃抵抗，相信一切，追随直觉，允许事情自然而然地发生。

过去，朴卿和与我经常计划好周末的活动，或提前计划好想做的事情。我们的想法通常都很不错，行动的前景也很振奋人心。但是，当那天真的到来，我们开始实施计划时，我们的心情却变了，可能想做一些完全不同的事情。以往，我们总是坚持原计划，不管结果如何，只是因为我们已经计划好这样做。然而，过了一段时间，我们发现越来越不喜欢这种方式了，宁可顺其自然地过日子。现在，我们喜欢体验新事物，看看生活会把我们带向何方。有时候，它会把我们带到打折的餐厅，或者城市中不为人所知的角落，那里的商店刚好有我们想买的东西。有一次，朴卿和与我想买适合夏天穿的鞋子，但她在城里遍寻不着。过了一段时间，我们决定守株待兔，不再到处寻觅了。有一次，我们在附近转悠，买些别的东西，刚好走进了一家小杂货店，却惊奇地发现，店里摆放着几双鞋子，有一双恰恰就是朴卿和想要的款式。

那么，我们要怎样才能找到自己的“自然节奏”呢？其实它无从发现，顺其自然只是一种生活方式。遇事要自然地采取行动，不要担心做得对不对，顺其自然就行了。如果你在街边碰到一个乞丐，心里想送他点东西，那就送吧，不要犹豫。如果你先环视周围，看看有没有人注意你，那么，这个念头就不是你真正的想法。试一下，在即将到来的周末，走出家门，让身边的事情自然地发生。不要想太多，相反，想干什么就干什么。看看你将不知不觉走到哪里。但是，你要小心，比起我们自然的反应，我们所认识的现实世界(比如商业活动、媒体、社会机制等)总是以更快的速度在运转，因此，我们很可能卷入外在世界的湍流中。让我用一个道教的故事来解释一下。有一位老人掉进河里，这条河是一个湍急的瀑布形成的逆流，他被冲走了。但幸运的是，最后他逃出瀑布，没有受伤。当他从瀑布下面的河里走出来，人们问他是怎么幸存下来的。“我什么都没想，”他说，“我只是任由水流摆布，顺流而行，不与水流搏击。”

顺其自然将为我们开启更新层次的创造力。以我自身的体验，顺其自然使我得以领悟很多本书中提及的深刻见解。顺其自然，我们才能够原原本本地体验生命中的一切。因此，我们应该放手释怀，无须事事费心。

第八章 改变我们的经历

我们内在的决定为外在的事物定义了不同的目的、意义和价值，痛苦和烦恼由此而生。外在世界的事物发生变化时，我们会产生快乐或痛苦这两种最基本的情绪。比如，有的人很喜欢自己的车，当车被刮花时，即使对方不是故意的，他们也会很心疼，好像自己也被“刮花”了。他们认为自己在外在世界的价值通过一系列的事物得以体现，自己的爱车正是其中之一。“车”体现着“自我”。如果我们所做的事情受到朋友的批评，我们会觉得伤心，因为我们觉得他们驳斥的不仅仅是我们的行为，而是有关我们的一切。“自我”可能会努力安抚自己，告诉自己无须烦恼，但却往往无济于事。

有些商业人士并不喜欢自己从事的工作，因而常常觉得痛苦。每天早上，他们都无精打采地起床、上班。对于他们来说，做什么事都好像是负担。久而久之，痛苦变成了一种习惯。知道自己将会痛苦起码让我们觉得对未来有些把握。我们熟悉即将发生的一切，这为我们营造了一种安全感。我们渴求安全感，即便它意味着无尽的痛苦也在所不惜。我们每个人都会有烦恼，如果我们采取躲避的态度，它会一直穷追猛打，直到我们正视它。我们作为个体所经历的痛苦正在演变成一个全球普遍的问题。几乎每天都有世界某地又爆发新的自然灾难的报道。然而，这种状况也隐含着好的一面。我们共同面临的痛苦将引领我们走向自己的内心，得到精神上的成长。只有这样，才能阻止人类摧毁地球，进而阻止摧毁人类自身。

消除烦恼

消除烦恼是可能的。首先，我们要了解，痛苦正是人生之旅的一部分。痛苦帮助我们发掘内心的资源，深化我们作为人类的特质。我们因犯错而痛苦，但痛苦却是通向崭新世界的一扇门，它促使我们把注意力从外在世界转向内心世界。

外在人生和内在人生的区别在于我们关注、认同事物对象的不同。我们是关注和认同痛苦、挑战和其他外在世界的事物，还是关注、认同快乐以及“真我”的其他方面？一旦我们开始拓展内心世界，外在世界将变得越来越无足轻重。当我们脱离了外在的形式，不再赋予外在世界以特定的含义时，我们将不再觉得痛苦、迷失。如果我们认识到自己本来就是这样的，并接受它，烦恼将离我们远去。

理智觉察到问题，便会引发痛苦。我们在生活中发现的问题越多，便越觉得痛苦。其实，只要重新诠释一下我们所谓的“问题”，便能消除烦恼。别再把你的经历当成问题。改变一下你的想法，痛苦就会烟消云散。佛教教义很好地表达了这个意思：“一个为生存而奋斗的人自然希望得到一些有价值的东西。追求、看待事物的方式有正确与错误之分。错误的方式是看到疾病、衰老和死亡不可避免，于是反其道而行之，试图求得健康、强壮和长生不老。正确的方式是认清疾病、衰老和死亡的本质，探寻其中超越人类痛苦的意义。在我流连忘返于享乐之事时，我似乎采用了错误的方式。”[①]印度教吠檀多不二论派的著名圣哲尼萨伽达塔(Sri Nisargadatta Maharaj)也表达了类似的理念，“痛苦总是因为错误而起：错误的欲

① Bukkyo Dendo Kyokai, *The Teaching of Buddha*, Tokyo, Japan: Author, 1966, p. 5.

望和恐惧，错误的价值观和想法，错误的人际关系。丢掉错误的一切，你将免于痛苦。”①

痛苦是人生之旅中不可或缺的一部分。经历了痛苦才能消除“自我”。“自我”熄灭，犹如灵魂重获自由。一生中，我们也许会遭遇重大的危机，如发生意外、伤残、失业、亲朋好友离世。面对这些不幸，我们应该谨记，灾难会有另外的一面——也许这一面就是烦恼的尽头。只要不断地尝试放手、释怀，我们便可以超越痛苦。当我们遭受重创时，要真正释怀，又谈何容易。可是，试一下，不要抗拒，看看自己会有什么感受。允许情绪和痛苦存在，接受它们，然后放手让它们过去。

有一次，有人问我，生活能否免于烦恼、挑战和痛苦。我的答案是肯定的。虽然理智告诉我，这是不可能的。但在心里面，这的确是我的感受。现在，我已经领会到，消除烦恼并没有想象中那么困难。走上内在人生，迟早有一天，我们的痛苦将会消减。

消极情绪

愤怒、恐惧和哀伤是和“自我”联结在一起的情绪，甚至我们所谓的“义愤填膺”也来自“自我”。“自我”与外在

① Sri Nisargadatta Maharaj, *I Am That*, Durham, NC: The Acorn Press, 1973, pp. 252 - 253.

事件和环境有着密切的联系，从而引发了这些消极情绪，使我们受到外在世界的束缚。就像我在前面提到过的，当“自我”觉得自己受到威胁时，我们就会感受到愤怒和恐惧。面对威胁时，我们将责任归咎于他人、环境或其他事物，我们的悲伤因这些而起。但实际上，痛苦来自我们自身对他人、环境或事物的执著。用索福克里斯(Sophocles)的话说，“最大的痛苦是我们自己造成的。”①

情绪催生了想法。一旦消极情绪引发了重复的思考和感受模式，便难以打破。这些模式以很多形式侵蚀着我们的生活。当这些负面的思考和感受模式转化成根深蒂固的习惯时，我们的“自我”形象就会受到影响。我们的想法和感受决定了自己将成为什么样的人。我们越忙于评判、解释，便越可能体验到各种情绪——不管它是积极的，还是消极的。

我从来都不是学术派。在学校里，课本习读对我而言并不是很好的学习方式。我喜欢亲身体验，不断创新，实践自己的想法，这带给我更好的学习效果。我的成绩一向平平，因此，长大后我并不觉得自己格外聪明。而现在，我开始喜欢看些自己感兴趣的书。

在外在世界中，聪明意味着拥有良好的教育和大学学历，至少我们通常是这样认为的，对吗？这种固有的

---

① Sophocles, *Oedipus Rex*, Line 1184, Second Messenger.

观念带给我很多消极情绪，并在很多方面影响着我的生活。我认为自己无法胜任某些工作，并告诉自己，周围的人比我聪明多了。例如，当公司有一个前景很好的项目时，我会想，参加的人肯定都很聪明。后来，我也受到邀请，加入其中，但我仍然觉得自己不够聪明。这种观念影响着我的“自我”形象，我和别人交往时总是毕恭毕敬。有些人肯定了我的天分，但我告诉自己说，他们在说谎。

我们滞留于外在世界的时间越长，积累的消极情绪也就越多。虽然消极情绪带来痛苦，但实际上它们在我们的生活中起着重要的作用。它们是某种征兆，提示我们应该做出改变。陷入消极情绪时，我们自己首先要意识到这一点。消极情绪通常来自我们的想法，并建立在负面的思考模式之上。我们很容易被自己的思考模式牵着走，但只要稍加留意消极情绪，我们就可以使自己与之保持距离。

接下来，我们要一一识别，究竟是哪些事物引发我们的消极情绪？请专心聆听内心“真我”的声音。身体在提示我们注意什么？消极情绪想传达什么信息？如果我们能够更好地了解消极情绪，“自我”将找不到很好的借口来支撑消极情绪。

最后，我们应该接受消极情绪本身也是经历的一部分。我们在生活中会自然而然地经历各种情绪，消极情绪只是其中之一。只有接受了消极情绪，才能放手让它过去，这一点我们在第五章已经探讨过。我想用自己的一个亲身经历，说明一下自己如何得益于这种思考方式。在中国，我经常搭地铁去上班，这已经成为日常烦闷琐事的一部分。我总是忙于思考，从未注意到搭地铁有多么令我厌烦。终于，我在地铁里开始变得很沮丧，差点就发火了。

我开始思考这是怎么回事。我为什么这么生气？我的第一反应是地铁太挤、太吵。我担心自己有问题，于是开始上互联网做些研究，想弄清楚自己为什么对这样的环境这么敏感。我找到伊莲·艾伦(Elaine Aron)的《高度敏感的人》(*The Highly Sensitive Person*)①。看完这本书，我明白了自己为什么在拥挤的地方会产生消极情绪——我就是一个高度敏感的人。明白了这一点，我现在经常选择不到很拥挤或很吵闹的地方。有时候，实在需要搭地铁，我也接受它的拥挤，不再发火。

当我们意识到自己陷入消极情绪时，先想一下，自己能否离开所处的环境。实在不行的话，那就想想自己如何能置身其中，而不再将它看作讨厌的经历。我并不建议你采取躲避或抵制的态度，但你可以尝试用不同的角度看待当前的处境，接受它，让它过去。

---

① Aron, *The Highly Sensitive Person*, New York: Birch Lane Press, 1998.

积极情绪

快乐、热情、平静、爱意，这些都是与内心世界相关的情绪。我们经常把快乐和愉悦、兴奋混为一谈，但其实它们是不同的体验。外在的事物确实能够使我们愉快、兴奋，但这些良好的感觉只能带来短时间的满足。愉快、兴奋的感觉逐渐消失之后，我们的空虚感又会乘虚而入。

我在前面提到关于遗传快乐定值的研究，根据这个理论，没有人可以永远快乐。当我回想起这个理论时，我不禁要问自己，“那又如何解释我的经历？如果书上说的是对的，那我怎么每天都觉得快乐？”即使我忍不住要哭，或者觉得难过，或者经历一段困难的时光时，我依然快乐。这是理性所难以理解的。快乐和忧伤怎么可能并存？只有当我们与自己内在的核心本质紧密相连时，才可能发生这种情况。当我们连接内心的“真我”时，所有负面的情绪好像只是浮于表面。我们无须把消极情绪连根拔起，就能感受到永恒的快乐。内心的“真我”才是我们的本质，其他种种都只是过眼云烟，如同一场表演，热闹登场，但总有谢幕的时候。

人们在到处寻找这种永恒的快乐，但最终能够从生活和工作中真正感受到快乐的人却寥寥无几，这是为什么？通常人们都忙于强颜欢笑，装作自己很快乐。人们先入为主地认为身边有些人过得很快乐，并投之以艳羡的目光，而懊恼于自己为什么不能像他们一样快乐——其实这种快乐只是存在于自己的想象中。实际上，他们沉湎于外在世界中，无暇发现真正的快乐。其实，生活在永恒的快乐中，这是可以做到的。将快乐建立在内心世界，而不是外在世界之上时，便可以得到永恒的快乐。永恒的快乐是一段旅程，一个渐进的过程。这可不是看几本书，听几盘录音带就可以学到的。同样的，快乐不是通过努力就能获取的，提醒自己保持快乐的状态也无济于事。如果你每天早上都需要提醒自己，才能欣赏自己所拥有的一切，那么，当你不再这么做时，快乐就会消失无踪。可以这样说，快乐是一种生存状态，一种自然的体验，一种永恒的感受。

你可能会想，除非自己心中毫无杂念，否则不可能生活在纯粹的幸福中。而我却有不同的体会。每天我都满心欢喜，但同时大脑仍在进行着思考。区别仅在于，我不再将自己等同于这些想法。我只是接受了它们的存在，不加干涉。我从未通过冥想来达到这种状态，我只是听从内心的声音，走自己想走的路。当我走上内在人生的时候，各种想法自然就会减少，因为我不再有那么多引起烦恼的理由，也不会老想着应该做些别的。

我想告诉你关于台湾画家谢坤山命运多舛的故事。一场高压电事故中，他失去了双臂和一条腿，后来又不幸碰瞎了一只眼睛。然而，他从未抱怨命运的不公。他珍惜自己仍然拥有的一切，并把它们发挥到极致。他顽强地学习、探索，不仅实现了生活自理，还用嘴巴画出了美丽的画卷，实现了经济上的独立。坚韧和乐观为他带来真爱，他和太太林也真如今已经养育了一对十几岁的女儿，小家庭幸福美满。他还定期到医院做义工，到学校、社区甚至监狱义务演讲，激励更多的人重获信心。接纳使他能够放手，开拓新的人生。

培养快乐

培养快乐的第一步是留意自己的感受。如果你觉得不高兴，问问自己，“我不高兴，跟外在世界的某件事有关吗？”

快乐并不取决于我们所拥有的地位或权势，它取决于我们内心的“真我”。例如，一位公司总裁并不见得因为地位尊崇，就比一个经理或警察快乐。我们应该做的是，接纳自己特定的人生旅程，感受旅途的快乐。缩小了外在世界和内心世界的隔离之后，我们碰到的挑战会越来越少，心中也不会再有那么多抵制和恐惧。我们的人生体验将会完全改观。

快乐是一种选择，一种我们每时每刻都可以做出的选择。实现永恒的快乐也是人生之旅的一部分。我们从人生之旅模型中可以看到，只有当我们顺其自然、接受挑战、追随直觉时，才能感受到真正的快乐。那时，抵抗、痛苦、烦恼和执著将相应减少。当我们做着自己喜欢做的事情，怡然自得地工作时，心中将充满自由和快乐。长远的快乐是一个过程。在此过程中，我们应该始终如一地接纳发生的一切，不要因为环境的影响而被动地做出反应。“自我”变得越来越渺小，内心的快乐才能绽放光华。这是通向真正快乐的唯一途径。

第九章 人际关系之旅

人类并非与世隔绝的独居动物。在人生旅途中，人际关系起着重要的作用。我们处于与各类社会角色的各种关系中，包括朋友、同事、老师、导师、上帝，当然还有我们自己。有的关系主要存在于外在世界，有的则主要存在于内心世界，有的则兼跨两个世界。人际关系是人生之旅模型的一个组成部分，因为处理这些关系的方式将决定我们是否快乐、满足，是否觉得人生有意义。

内心的真理

在皮耶罗·费鲁奇（Piero

Ferrucci)所写的《明日之我》(*What We May Be*)一书中[①],讲述了一个关于宇宙形成的故事。他说,诸神创造了包括人类在内的一切生灵后,又创作了最高层次的真理。但是,这时候,他们碰到一个问题:把真理藏在哪里,人类才无法一下子就找到它?他们想延长探索真理的奇异经历。

"让我们把它放在最高峻的山上吧,"有一位神说,"肯定很难找到。"

"让我们把它放在最遥远的星星上吧,"又有一位神说。

"让我们把它放在最黑暗幽深的海里吧。"

末了,最古老睿智的神说,"不,我们就把真理藏在人类的心里。这样他们将会满世界寻找,却万万没想到,其实它一直在自己身上。"

好几万年前,在世界的某个角落,有一个人——或一群人找到了内心的真理("神灵")。他们把邂逅的"神灵"敬奉为"上帝"。过了一段时间以后,其他人也开始寻找"神灵"。一直以来,各种各样的群体把想象中的"神灵"供奉在寺庙的神龛中,通过各种仪式和宗教习俗对他们顶礼膜拜。这些人以为,自己只能从外在世界中发现、体验真理。有些人则直接在外在世界搜索"神灵"的踪迹,却始终无法找到,最终免不了灰心丧气。最后,他们听从

---

① Piero Ferrucci, *What We May Be*, New York: Tarcher, 1982, p. 143.

了费鲁奇的故事中最古老的神的忠告，才终于在自己的内心里找到满意的答案。就在自己的心中，他们体验了觉悟，开始了解、认同自己内心的真理。有些人称之为“上帝”，有些人则称之为内心的真理、心灵、内心的“神灵”、内心的“真我”。

我们与心灵之间的关系是最基本、最原始的关系。没有它，我们无法抵达人生中真正的目的地。幸运的是，它为我们提供了所需的一切帮助。心灵指引着我们走向人生中真正的目标与使命。在第七章里，我们已经讲过，它通过直觉给予我们忠告、领悟、提示和想法。我们通过很多方式得到这些提示：或在自然环境中散步，或与朋友交谈，或阅读一本书或一篇文章时，我们都可能突然有所感悟。

我们经常错过这些信息，因为它们还没有跨过门槛，上升为清醒的觉悟。我们的大脑正忙着想其他的事情。我们必须由内而外开放内心的“真我”，而不能反其道而行之。换句话说，我们无须太在意周围的各种喧哗，它们总喜欢对我们发号施令，我们应该多留意心里的感觉。做到了这一点，我们将欣喜地发现，一切将自然而然地各就其位。你可能有过这样的经历，一扇扇大门在最恰当的时候为你而开。我们的直觉连接着“宇宙”神秘的力量。我提到过的听从直觉，实际上就是听从“宇宙”的安排。直觉通常通过你的感觉与你对话。问题是，你准备好用心聆听了吗?

我知道有个人已经走上了内在人生,找到了真爱和人生目标。有一次,我问他,“有的人找到了自己的目标和道路,并以此指导自己的生活。有些人则不然。他们之间有什么不同?”他说,唯一的区别在于:那些找到自己的道路、使命、快乐和真爱的人能够聆听来自直觉和“宇宙”的信息。

“假”爱

所谓的“爱”可以分为两类:一类是精神世界的真爱;另一类则是现实世界的虚假的爱(“假”爱)。

在外在世界中,人们通常因为对方有类似的想法和行为而相互吸引。消极的人容易凑在一起,积极的人亦然。所谓的“名流”因为外表而相互吸引,他们的交往未必是因为欣赏对方的心灵之美。在外在世界的美丽是相对的,它们终将老去。

我们遇见倾慕的人,坠入情网,这仅仅是因为对方填补了“自我”某个基本的需求。我们以为对方一定能为自己带来快乐、充实或生理上的满足。我们觉得烦闷、空虚,因而寄望他人为自己带来崭新的感觉,填补自己的失落感。我们以为自己已经找到理想的人选,希望与其共度余生。然而,过了一段时间,我们会无奈地发现,对方不再能够满足我们的需求，这是一个不可避免的事实。浓烈的爱意离我们远去，只剩下空虚和痛苦，我们觉得自己好像上当受骗了。这就是“假”爱的本质。一开始，在这段关系中起主导地位的就是我们的欲望，而不是爱。对方使我们的身体得到感官上的愉悦，为“自我”打了一剂强心针，我们因而兴奋莫名。但这些都不足以改变我们心里潜藏的深刻的空虚。

我在二十岁的时候，爱上了一位美丽而聪明的姑娘。我们开始了愉快的交往，共同度过了美好的时光。她关心我，带给我爱的感觉，这些都是我在以往的生活中所感受不到的。但是，几个月后，我开始意识到这段关系并非如想象中那般愉快、圆满，于是我决定退出。她哭了，请求我留下来。出于情感上的软弱，我答应了。此后，这段关系很快就变质了。有时候，我连打开收音机欣赏著名歌手的美妙演唱，她都会嫉恨。我控制不了自己的生活，并在这种苦恼的状态中过了两年。

嫉妒和恐惧很容易出现在不以真爱为基础的恋爱关系中。由于害怕失去对方，恋爱的双方无法感觉到相互的扶持，无法真正觉得心满意足。爱情总好像有溜走的风险。

在外在世界中，“爱”只是表达某种感觉的字眼。总的来说，如果你在说的话前面先加一句“我想”，那么，不管你讨论的是什么内容，它都不是真实的，因为思想仅仅存在于大脑中，它不是客观的现实。“爱”也是同样的道理。有些人会对朋友说："我想我爱她"，但是因为他们必须经过思索，所以他们的爱仅仅存在于理性中。他们分不清"爱"和"想爱"的念头。根植于外在世界的爱情即使发展到最高程度，也只能是对他人的依恋。"爱"经常与关心、同情、信任、友情和相互扶持混为一谈。"爱"可能产生这些结果，但它们本身并不是"爱"。

那么，什么是真爱？

真爱

哲学家柏拉图认为，我们生而为独立的个体，每个人都在寻找自己的另一半，从未停止过。根据他的观点，真爱意味着结束我们的个体分离状态。然而，这种爱并非出于倾慕对方诱人的外部条件，而是源于接触对方的心灵。他认为，开始一段亲密的关系并不重要，重要的是我们有能力了解对方的心灵。

中国有一句诗词表达了同样的意思："众里寻他千百度，蓦然回首，那人却在灯火阑珊处。"换句话说，如果你想体验真爱，请望向灯火深处、内心深处，而不是周围的物质世界。

拥有真爱的伴侣可以相互之间取长补短。这是我们能够感受到的最强烈的感情之一。真爱将带给双方一样的感受。相爱的人不会在意对方的身体、容貌，甚至缺陷。真爱只可意会，不可言传。然而，真爱并不只是一种情感。它来自我们最深层次的本质。

一位六十五岁，来自美国的教授参加了我的一个讲座，他娶了一位墨西哥太太。我问他，怎么能肯定妻子就是他的真爱？他开始喃喃自语，“嗯，怎么说呢？就是……我也不知道怎么说。就是……唉，很难用言语表达。”然后，他开始哭起来。那时候，我知道他确实找到了真爱——不是因为他哭了，而是因为他无法解释清楚。其实，真爱与我们的本质无异。我们的本质是心灵，是爱，是觉悟，它们的意思都是一样的。

在相互交往中，找到真爱的关键在于撇除自私的心理和自负的行为。你将乐于为对方乃至其他所有人付出，而不要求对方的回报。在《奇迹课程》(*A Course in Miracles*)一书中[①]，海伦·舒曼(Helen Schucman)说，“我们的任务不在于寻找爱，我们只需要找到自己在心里建造起来的篱笆，正是它们隔离了爱。”在爱人之间，抗拒已不复存在，因为他们内心的联系牢不可破。如果你真正爱着对方，就不必担心自己会受到对方的伤害。你知道对方不会离你远去，如果他们最终由于某些原因离开你，那就请翻过这一页吧，因为你终将会意识到，这并不是真爱。真正相爱的人会无条件地接受对方，不会基于

① Helen Schucman, *A Course in Miracles*, Mill Valley, CA: Foundation for Inner Peace, 2000, p. 162.

"自我"来要求对方。因此,即使你们之间有什么冲突,也很容易处理,因为你们心里很清楚,无论发生什么事情,都不会影响到内心的"真我"。

如果双方生活在一起,其中一方已经安于内心的"真我",而另一方则仍然沉湎于"自我"的需求,那么这段关系对于后者而言,会显得特别困难。"自我"习惯于与烦恼、忧虑和冲突为伴。如果觉悟的一方不断地为对方提供帮助,后者的"自我"将无所适从。随后将可能出现两种状况:觉悟的一方成功地使对方接受自己爱的方式,或者沉湎于"自我"的一方由于欲望和恐惧过于强大,而逐渐退缩甚至最终逃离。

有个参加讲座的人告诉我,他和太太虽然没离婚,但已经分居八年了。他不知道接下来应该怎么做:是申请离婚呢,还是维持现状?在法律上,他还没有离婚,因此,他的生活无法向前迈进;然而,如果他直接向太太提出离婚,她可能会因为担心他不再提供生活费而拒绝接受。在讲座上,我们讨论了为什么他不能找到真爱的原因。他明白了自己紧紧抓住的其实是"假"爱,它已经成为过去,自己应该放手,才能迎接更好的将来。

真爱是生命赐予的一种礼物。敞开胸襟,踏上自己的旅途,你自然会碰到合适的人。命中注定的那个特别的人将会进入你的生活——如果你期望与另外一个人生活在一起的话。

发现真爱

我们怎样才能找到真爱？讽刺的是，真爱是无法“找”到的。它是我们旅途的一部分，因此，只要我们踏上旅程，迟早有一天它会出现在我们面前。直觉是人生的向导，跟随直觉，我们就会与合适的人建立起联系。在有需要的时候，我们会得到合适的资源，走上寻找人生使命的正确道路。直觉也会指引我们找到真爱。直觉会为我们带路，让两股真爱的能量汇集在一起。

其实，真爱早已存在，就在我们内心深处。因此，体验真爱其实无须依赖于外在的某种条件，或某个人。然而，大多数人想从一段恋爱关系中找到真爱，而这段关系却以“假”爱为前提。在一些国家，家庭成员仍然按照传统习俗，为年轻人安排婚姻。他们的文化和宗教信仰并不认可真心相爱的价值，而仍然追求门当户对，并以此为安排婚事的准则。有些地方仍遵循这样的习俗，虽然年轻人在最后的决定中通常也能发表一下自己的意见。根据这样的体制，像结婚这样的人生大事仍然必须听从别人的安排——没有人会再考虑，它本应是个体人生之旅的一部分。又或者，即使一位女士没有男朋友，她也可能会定下目标，要求自己必须在二十六岁前宗婚。这个目标是由理性所设定的，不再是随着缘分的到来而自然而然地发生。然而，也许她真正的爱人会在她三十六岁的时候才出现。当然，这也并不意味着，很多夫妇因为包办婚姻而过得不美满、不幸福，但它确实使真正相爱的人相遇的机会大为减少。

根据人生之旅模型的理论，如果你渴望找到真爱，而它暂时还没有出现，那么，你应该先致力于自己的旅程。追随直觉，让它引领自己做出正确的决定，走上正确的道路。沿着正确的方向迈进，我们所需要的一切将如期而至，包括真爱。

你可能已经注意到，生活中有时候会发生一些奇怪的事情，一开始你会觉得莫名其妙。碰到这种情况时，请不要紧张，要知道一切都自有缘由。一位研究笑声的专家莱尼·洛维克对我讲了他的故事，分享他找到真爱的经历。莱尼当时想象着他的妻子正在某个海滩边等他。于是，他跑到那个海滩边，坐着等待她的出现。坐着的时候，他看到两个漂亮的女孩从海边走来，说着瑞典语，也许是丹麦语。他想着，“可能是她吧。”接着，他听到心里有个声音说，“不，你的妻子应该是以色列人。耐心一点，你会找到她的。她既不是瑞典人，也不是丹麦人。”不久之后，他听到另一名女子的声音，他马上对自己说，“就是她。”他很肯定，径直走过去介绍自己。照他的话说，接下来发生的一切简直就像变魔术。他们紧紧地拥抱在一起，好像整个世界只有他们俩。后来，他说自己也记不清当时说了些什么，只记得有很多欢声笑语。现在，莱尼已经退休了，他仍然和自己深爱着的妻子生活在一起，从见面那一刻起就从未分开过。

像莱尼一样，找到真爱时，我们心中会有感应。它不是一种理性的认知，我们也不一定像莱尼一样，会有内心的声音带给我们特别的提示。然而，我们能够实实在在地感受到它的存在。我们会觉得与内心的自己，与周围的环境联结在一起。问问自己，“我与对方相处愉快吗？我和对方在一起，并非出于某种需求。我满足于这段关系，并不期待对方付出什么来取悦自己，是这样的吗？”如果这些问题的答案都是肯定的，那就说明你已经找到了真爱。双方并非出于需求或期望而结合在一起，这样才能完全出自真爱，无拘无束地交往。

这并不意味着，找到真爱，双方的关系自然就会一帆风顺。朴卿和与我经历了很多挑战，特别在刚开始的几年里。所有的爱情都需要双方的努力浇灌，才能一起发展，一起成长。前方会有困难，也有欢乐。如果我们不好好地呵护爱情，其中一方就会开始寻觅更好的伴侣，最终双方黯然分手也不足为奇了。当然，如果我们还是不知道用心经营，那么，新的关系也不可能长久。所以，我们应该珍惜上天赐予我们的真爱。记住，爱永远是最强大的力量。如此，爱情将会指引、改变我们的人际关系旅程，为我们带来无与伦比的充实感。

第十章 人生的使命

我们的人生都各有使命，我们的“真我”与生俱来，我们要做的就是要找到自己的人生使命。真正的使命也即我们人生的意义，我们的人生旅途是实现人生使命的道路。

在人生之旅中，我们可能会接触到三类使命。前两类使命源于“自我”，追求我们自己设定的行程；第三类使命则源于内心的“真我”，符合“宇宙”的自然定律。

人生中的三类使命

第一类使命即外在世界的使命。它是由社会、父母和老师所设定的。其衡量标准在于外界的期望,以及目标达成时,外界为我们所定义的成功。大多数人在生活中肩负这一使命。我们总是努力达到别人的期望。例如,你的父亲可能曾经是一名医生,因此父母希望你能传承父亲的衣钵。又或者,你的老师发现了你的运动天赋,从而期待你获得运动类的奖学金。

这类使命时常带来痛苦、迷茫、恐惧和疑虑。在极端的情况下,它还可能导致死亡。有的人因为走上错误的人生旅程,不堪忍受与“真我”分离的痛苦,从而选择了自杀(详见第五章“内外世界的隔离”)。

第二类使命即思想(“自我”)的使命,它仍然起因于外在世界。我们会做出一系列的决定,以达到目标,实现梦想,从而产生了第二类使命。第二类使命可能直接取决于第一类使命,或者建立在第一类使命的基础上,或者受到它的影响而产生。在这一类使命中,我们致力于达成理智所构建的目标,而它并不反映我们最深处的情感和爱好。

通常,思想的使命来自理智的自问自答。例如:我想成为什么样的人?我一生中想得到什么?什么东西会使我快乐?我有什么梦想?理智接受了提问,然后开始搜索答案。例如,“我想成为音乐家,因为我喜欢在大家面前表演。”

实现第一类、第二类使命并不难。我们的思想(“自我”)认为,它们将满足自己的愿望,或者带来自以为需要的东西，例如财务上的自由或公众的认可。于是，我们为达成目标而加倍努力。第一类、第二类使命能够带来财富和外在的成功，但也经常导致内心的空虚。例如，有些人可能在商界或学术界中取得极高的成就，却发现巅峰之上并没有自己真正想要得到的回报。

不幸的是，通常在度过人生中一段较好的时光之后，我们才能意识到第一和第二类使命并非自己的真正使命。在人生之旅模型中，我们可以看到，通常到了中年，人们才开始意识到第三类使命的存在。在日常生活中，他们开始处处觉得别扭，无论是在工作中，还是在人际关系中，甚至在与自己相处的时候。他们总想在心里面得到某种感觉，却始终不能如愿。他们在外在世界里寻寻觅觅，这种感觉却依然无影无踪。

第三类使命是我们真正的使命，它来自我们的内心世界，不受外在世界或理智的影响。可以这样说，它联结着我们真正的目标及与生俱来的使命。例如，成为一名音乐家的理想源于你对音乐的深深热爱，而并非出于在公众面前表演能为自己带来快乐的想法。

只有那些勇于追随直觉、开放心灵、信任“宇宙”的人，才能够完成第三类使命。维克多·弗兰克尔(Viktor Frankl)探讨了这个观点。他说，“每个人在生命中都各有天职和使命。每个人都必须执行一项具体的、能够实现人生意义的使命。因此，他是不可替代的，他的人生也不可能重现。所以，每个人的使命都是独一无二的。同样的，每个人完成使命的机会也都是绝无仅有的。”[①]

通常，由于还没有受到外界的影响，孩子们尚未远离他们真正的使命。然而，他们在长大的过程中，越来越多地接触到社会环境，于是慢慢地淡忘了自己的使命。长大以后，他们可能会觉得孩提时代的梦想幼稚可笑，以至于完全弃之不理。

发现真正的使命

目前，我们的使命未必清晰，但只要我们朝着这个方向努力，可能它的轮廓就会开始浮现。在寻找真实使命的过程中，我们现在所踏出的每一小步，都终将把我们带到目的地。要知道，我们要达成的使命超越了生活中的现实体验。它是精神的使命。相信直觉，相信“宇宙”将引领我们到达命中注定的目的地，我们就能够找到它。有时候，在我们步入歧途多年以后，“宇宙”会不期然地为我们提供信息和指引。

我想说说关于画家杰克·明卫（Jack Meanwell）的故事。1947 年，他从事商业美术的工作，每周的报酬是 35 美金。他觉得很烦闷，因为其实他很想集中精力进行

① Viktor Frankl, *Man's Search for Meaning*, Boston: Beacon Press, 1963.

油画创作。不久，他的岳父邀请他合作经营一家小咖啡公司，是他们的家族生意，报酬颇为丰厚。因为他需要钱，而且他觉得自己可以利用空余的时间画画，因此他接受了邀请。在接下来的几年里，公司的经营占用了杰克的大部分时间，画画仅作为他的业余爱好坚持下来。到了 1972 年，他设法办了几场展览，在艺术圈也已经小有名气。然而，他的合伙人对杰克不专心经营业务感到很愤怒，因为他每天工作不少于 12 个小时。他对杰克下了最后通牒：要不就买断股份，要不就把股份转让给他。这对杰克来说是个转折点。他说，“我把自己的股份卖给合伙人，拿走自己应得的份额，重新出发。在艺术圈里谋生殊不容易，油画创作本身也很辛苦，但我喜欢这个过程。在我的工作坊里，我搅拌着颜料，工作就如同玩乐，我很开心。这就是我的生活，我很满意。”①合伙人的最后通牒便是来自“宇宙”的信息，如果杰克置之不理，可能他永远也不可能像现在一样，成为自己心目中的画家。

有些人无须特别努力，就可以达成自己真正的使命。他们是幸运的，因为他们有足够的勇气和智慧走上自己的内在人生，无须得到外在世界的提示或支持。

本书旨在帮助你发现内心的“真我”，从而了解到人生真正的使命。或许，信手翻阅，其中的某个章节、段落、

① Greg Levoy, *Callings: Finding and Following an Authentic Life*, New York: Three Rivers Press, 1997, p. 243.

句子，甚至某个字眼将启发你走上正确的道路。

从我离开比利时来到中国时，我的使命就开始了。在中国住了一年半后，有人介绍我听一盘磁带，演讲者很有激情，希望帮助人们找到自己人生中的目标和意义。我听后深受启发，心中蠢蠢欲动，想成为像他一样的演讲者。那时候，我的“自我”仍在作怪。我将自己等同于这位演讲者，我当时所构想的使命其实仍来自思想。

我开始参加培训，学习职业导师的技巧，还参加了“主持人”俱乐部。人们告诉我，我有公开演讲的天分，但由于“自我”在作怪，我在公开演讲的时候出了几次丑。事实上，我假想成为某位演讲者，模仿他的动作与腔调。我在演戏，而不是做真正的自己。这段时间，我得到几次惨痛的教训。我意识到自己必须耐心，沉住气，顺其自然。等我准备好了，“宇宙”自然会让我知道。我必须找到自己的风格和特色，这就是生活给我的提示。于是，我开发了人生之旅模型，开始教授、帮助别人了解生命的历程，寻找内心的“真我”，以及探寻人生的意义、使命和真爱。我的人生目标将不断发展演变，它是一个永无止境的过程。你的也一样。

那么，我们怎样才能找到人生的意义与使命？

答案很简单：我们根本就无须寻找。我们的使命已经在某个地方等着我们。它就在我们心中。我们的问题应该是，“我愿意聆听此时此刻来自内心和‘宇宙’的建议和提示吗？我愿意顺其自然，踏入未知的领域吗？”

问问自己，小时候，自己想成为什么样的人？这是寻找人生使命的一个好办法。想一下，那时候，你喜欢做什么事情？重新接触小时候的自己，回顾一下，那时候自己心里在意什么？腾出一些自由玩乐的时间，与自己独处，以重新发现自己失落的部分。你唯一应该做的事情，就是迈开第一步，从外在世界转向内心世界。留意身边发生的事情，了解自己的感觉，以及自己在日常生活中对身边事情的反应。有些事情令你觉得舒服自在，为什么？你当时在做什么？你是不是应该多做一些类似的事情？你在生活中会不会对有些事情很抗拒？是因为你不喜欢，还是因为你不敢接纳？

如果你还是不知道自己应该做什么，这也不要紧，你仍然可以行动起来。你可以先列出自己的兴趣，如果有些人已经在做你所感兴趣的事情，你可以找他们谈谈经验与心得。留意一下，听他们讲的时候，你心里有什么感受。如果你正在找工作，那么，当你拜访一家新公司的时候，留意一下自己进入该公司的办公楼里的时候有什么感觉，你的感觉会告诉你，这个地方适不适合你。尝试不同的事物，看看哪种更合适。要有敢于冒险的勇气。总是停留于安全地带对你来说，没有任何帮助。

在《工作身份：重塑职业生涯的非常规策略(2003)》(*Working Identity: Unconventional Strategies for*

Reinventing Your Career, 2003))一书中,赫米尼亚·伊瓦拉(Herminia Ibarra)提到一位四十六岁的法裔美国人,她叫夏洛蒂,是一位理财经理。她列出了以下自己可能得到的职业机会[①]:

1. 从事猎头工作
2. 从事一些信息交流或联系投资者的工作
3. 向私人银行业务注入艺术概念
4. 做另一家公司的经纪人(已经有一个公司邀请她加入)
5. 回到大学学习历史
6. 从事与食物或葡萄酒相关的工作
7. 从事符合她双语背景的工作
8. 收购一个知名度不高的奢侈品牌,把它经营成国际品牌

你可以用类似的方法列出自己的清单,但最重要的是采取行动。一开始,你可能无法确切知道什么机会适合自己,但经过反复尝试后,你将会找到答案。为了避免陷入由外在世界或理智所引导的任务中,你需要不断地

---

① Herminia Ibarra, *Working Identity: Unconventional Strategies for Reinventing Your Career*, Boston, MA: Harvard Business School Press, 2003, pp. 40 -41.

确认,自己所追随的机会符合内心的愿望。问问自己,“我心里觉得合适吗?”举例说,如果你想成为猎头,你可以和从事这一行业的人聊聊。留意自己走进对方办公室时的感受。如果你想去念大学,那就找一家你所感兴趣的大学,进去逛逛,和教授和学生们聊聊,看看自己感觉如何。如果你想从事与食物和葡萄酒相关的业务,那就找一家葡萄酒供销商,和店员谈谈,或到本地售卖食品与葡萄酒的店铺看看。

在上述情况中,无论怎样,关键是要找出适合自己的方式。一旦发现了适合自己的方式,就在心里保存这种感觉,然后再留意周围出现的机会。我并不建议你采取被动的态度,守株待兔,而是应该积极采取行动。然而,这里有一条微妙的分界线:你不应该努力推动自己的计划,否则它将成为由理智和“自我”所激发的第二类使命。我反而会建议你留意周围的机会,一旦它们以最清楚、最强烈的方式召唤你时,便付诸行动。相信“宇宙”将安排好一切,帮助你实现自己的目标,并提供必要的支持。

当我到达上海的时候,我觉得我的这个选择是正确的,虽然经济上我将陷入巨大的困境。尽管如此,一切问题后来都迎刃而解。对我来说,创业是迈向未知领域的一大步。但不到两个月的时间,我就签了一个大单,为我提供了必要的资金,进一步扩展业务。所以,如果你相信自己做了正确的选择,就要学会相信发生的一切。如果你心里不能确定自己的选择是否正确,那就向人求教。也可以问问内心的“真我”,“这对我来说,是个合适的机会吗?”答案会以某种方式出现,你只要多加留意,就能够接收到提示。或者,你也可以用抛硬币的方法,帮助自己判断某种行动方案是否合适。

很多人相信,总有一天,他们会自然而然到达旅途的终点。到那个时候,自己每天都会自得其乐,做什么事情都乐在其中,生活平静而安逸。但是,可以说,大部分情况下,那一天不会自动到来。追随自己的使命是一个过程,我们应该享受这一过程。你未必能够很快找到自己的使命,甚至很长时间内都没有方向,但现在,请你迈出第一步——这是此时最重要的任务,时间刚刚好,不早也不晚。你可能害怕这么做,但我向你保证,从此你将迈向自由。

我们怎样才能确定自己已经找到真正的使命?那就是我们坚定不移地走上内在人生,而且我们已经发现内心的“真我”的时候。那时,我们将不再疑惑,自己究竟在寻找什么。空虚感将被满足感与充实感所取代。我们将感到表里如一。

觉悟

在觉悟的阶段,外在世界对于我们来说,已不复存在。以往，我们认为外在世界是真实的，现在看来却犹如梦幻。外在世界好像已经不是具体的存在，也失去了以往的意义。

有一次，在一场晚间的聚会上，有人问我，我是谁。我说，“我是个小人物。”人们马上开始说，“不，你很重要。你不应该这样说自己。”然而，当我们觉悟时，便会意识到自己并不重要。我们的确是微不足道的。我们附着于外表的身份消失了，我们意识到自己并不等同于自己的身份标志——而我们曾经一直把身份标志当成自己。我们认识到自己其实是蛰伏于体内的灵魂，而非躯体本身。

我们与目光浅陋、刚愎自用的“自我”之间的密切联系也不复存在了，留给我们的是纯粹的虚无——而它正是最高境界的满足感，是我们最崇高、最真实的存在方式。我们了解内心的“真我”，懂得自己与心灵合而为一。我们确信，自己是灵魂的体现。我们明白了约瑟夫·坎贝尔所说的，“生命赐予你特权——做好你自己。”①

在觉悟的状态中，我们再也感觉不到与他人、世界及自己之间的分隔。我们可能孤身一人，但却从不孤独。我们知道躯体必将化为尘埃，而灵魂却是永恒的。我们的灵魂从未诞生，因而也无所谓死亡。在觉悟的状态中，我们领会到灵魂是不朽的。我们感受着内心世界特有的

---

① Diane K. Osbon, *Reflections on the Art of Living: A Joseph Campbell Companion*, New York: Harper Perennial, 1995, p. 15.

一切。这些听起来美好得令人难以置信，因为它已经超越了理性的理解范围——我们只有通过直接的体验，才能感知这一切。

我们每个人都有自己的人生道路和使命。我们的道路各不相同，沿途的经历也迥然有别，但我们的终点都是一样的。我们走向觉悟的道路可能形式各异，但觉悟本身却是一样的。这是因为，觉悟带来了完整合一的体验。我们将会看到，在每个人身上，内心“真我”的本质都是一样的。我们不能把觉悟当成某项要取得的成就。努力求取觉悟注定会失败——我们将会偏离目标，因为觉悟本来就是一个过程。因此，精神导师无法传授“觉悟”，他们只能指引人们得到精神上的成长。可以说，觉悟是赐予人生的礼物。

觉悟可能会是一个缓慢的过程，因人生际遇而异。有些人可能会突然顿悟。例如，突如其来的重大损失、疾病、事故可能使我们惊觉，自己已一无所有，存留下来的只有内心世界。失去了外在世界，我们开始转向内心，用心灵来观察世界。这样做并不能改变现状，它只能帮助我们认识真实的自己。

在觉悟的状态下生活是一种满足。它是精神家园，也是人间天堂。它不是物质化的存在，而是我们体内能量的复苏。它是我们与“宇宙”精神的连接，也是心灵最纯洁的呈现方式。我们别无他求，因为我们所需的一切都已然存在。虽然以外在世界的眼光看来,又好像是空无一物。觉悟并非仅限于练习冥想或瑜伽的人们。每个人都可能进入觉悟的状态,无论是家庭主妇,还是我们的父母亲、祖父祖母以及隔壁的邻居。觉悟不能选择,它是人类体验必不可少的一部分。我们都会踏上相同的旅程,走向大彻大悟。

很多我们所知道的觉悟或彻悟的人都是精神导师或宗教人士,如老子、释迦牟尼。但世间还有很多人——如商界人士、工人、作家等,他们也经历了觉悟,走上自己的人生之旅,只是他们觉得无需向世人宣告自己的觉悟。

如人生之旅模型(图 3－1,本书第 31 页)所示,我们的觉悟来自追随自己的旅程,顺其自然地生活,接纳发生的一切,让“宇宙”为我们传达信息,留意自己的感受和直觉,享受生命之旅。觉悟之后,生活仍会继续。我们的生活将不断朝着使命前进。别人可能不会注意到发生在你身上的一切,但了解你的人可能会注意到,你变得更加快乐,笑的时间更多,更轻松自在。

内在人生的回报

当我们追随内心的使命时,生命将为我们带来意想不到的收获。每朝目标迈进一步,我们都会有所收获。生命是一个旅程,沿途我们会有种种回报,真爱、幸福和喜悦都会来到我们眼前。有研究发现,与不快乐的人相比,快乐的人身体更健康,在工作中有着更高的出勤率,会得到上司更多的肯定[①]。然而,当碰到新的挑战时,这种我们曾经收获的,外在事物所带来的快乐可能将时过境迁,不复存在。

到达生命旅途的终点时,我们将同时领略、享受人生所带来的所有回报。从那一刻起,我们将会活在当下,乐在其中,并深切地了解内心的"真我",我们不再依附于外在世界,虽然它依然存在,但已经不再是真实确切的存在。我们不再感到隔阂,不再孤独寂寞、悲观消极,不再受困于思想或情绪上的痛苦和烦恼。我们的极乐状态便是生命的馈赠。从早上起床到晚上入睡,我们将一直处于一种完满丰盈的状态,而且根本无须费力。生命将赐予我们:

- 无需费力就可以感受到的真实、永恒的快乐
- 对自己的爱、给亲人和伴侣的爱、对众生的博爱
- 在工作和生活中从心所欲的愉悦
- 活在当下、享受生活
- 在工作和生活中顺势而为的智慧

① Sue Shellenbarger, "Thinking Happy Thoughts at Work", *Wall Street Journal*, 2010, January 27.

- 无所忧惧、无所执著的心态
- 财务自由——我们将会发现自己已经拥有充足的资源
- 完全自由、无拘无束的感觉
- 完整合一、和谐满足的感觉
- 充满每个瞬间的积极情绪

真正的成功是收获以上种种的生活。其实,这些特性一直存在,就在我们身上。我们现在就可以决定,是否要了解自己的内心世界,开始觉悟的人生。人生之旅模型将最有效地为你提供指引。一旦开始了内在人生,你就不可能再执著于外在世界。一旦找到了真正的使命,你就不可能再回头过着漫无目的的生活。真正的收获将一生都伴随着你。一旦觉悟,你便不可能再回归混沌。一旦得到完全的自由,你将不再有任何拘束。

第十一章 结束语

大家大可不必认为，自己必须是个精神修士，或在精神修炼方面有所积淀，才能从本书中获益。在撰写本书的过程中，我时刻谨记，本书的读者跟我一样，平凡而普通。

数千年来，很多精神导师为人类揭示了行走内在人生的奥妙。然而，在今天的社会中，很多教导已经显得太晦涩艰深、超然世外、不切实际。忙于工作的人们如果连用于理解它的时间都没有，就更谈不上善加应用了。很少有人愿意离开家人，辞去工作，退守静修，过着修行者或隐士般的生活。因此，我一直希望以某种方式转化这些古老学说的精髓，便于人们理解和参照。我们只需认清内心的“修行者”——我们内心已经存在的本质核心，而无须真正的出家为僧。

总而言之，我们会面临两个选择——每时每刻我们都可以选择走内在或外在的旅程。同样的道理，面对旅途中碰到的挑战也存在两种方式：我们可以选择坚守安全感，受制于恐惧，禁锢思维，裹足不前；也可以学会顺势而为，听从直觉，乐于涉足未知的领域，做自己想做的事情。

在外在人生中，我们终将会意识到，外在的生活无法使自己得到满足，并且永远也做不到。它会使我们深陷其中，无穷无尽地追寻虚无缥缈的目标。然而，我们不能因此而过分沮丧，外在人生是我们的必由之路。我们无须以负面的眼光来看待外在人生，只有当我们与内心世界割断联系的时候，才会将外在人生推向痛苦的深渊。

人生之旅模型帮助我们认识到自身所存在的隔阂，以及内外世界之间的隔阂。我们感受到的隔阂表现为心灵与理智之间背道而驰，空虚感由此而生。随着我们更多地实践接纳法则，我们与自己及周围环境的关系就越平和融洽。到了某种程度，我们将能够弥合隔阂。实践接纳并不容易，但我们所采取的每个行动都是勇敢的一步，带给我们更快乐、更充实的生活。

我们可以选择从心而为，也可以选择理智行事，我们的选择将决定自己的未来。我们必须面对每天的现实，同时又不能远离自己的内心世界，否则就无法真正感到快乐和满足。善于将内心世界和外在世界融为一体，才能够真正掌控自己的生活。我们应该充分地体验生活，这是弥合隔阂的要诀之一。我们要做积极的参与者，而不是被动的观察者。只有在生活中积极地采取行动，我们才能够发现，究竟什么东西能使自己充实，使自己所做的一切变得有意义。我们的人生是一段独一无二的旅途，何去何从，只有我们自己才能够决定。

我们可以把生活当成一个迷宫。我们从不同的入口走入迷宫，然而到达核心——内心的“修行者”、内心的自身体验却是一样的。内心的自己是真实的自己，超越我们的思维和规划。它感受着合 、灵性和宇宙法则，不为外在世界所蒙蔽。没有人能够为你找到这个核心，包括我在内，你必须自己去发现。我们在旅途中会碰到不同的挑战，但我们都应该学会用同样的方式来迎接挑战，那就是——克服恐惧，追随直觉。

生活中会面临许多挑战。在内在人生的跋涉中，我们需要身边的人给予勇气、力量和支持。找到真爱就是旅途的一部分，跟随自己的内心，你会发现爱情已悄然来到身边。

我们的人生使命其实是自己对于未来的展望，它会不断地发展演变。重要的是，着手做自己喜欢做的事情，追随自己的直觉。生活会让我们知道，关键时刻要做些什么，什么时候应该放手，什么时候应该前进。人生之旅模型是可供我们借鉴的工具，它帮助我们更清晰地认知自己及他人的生活。现在，你已经通读全书，也仔细研究了人生之旅模型的每个步骤，接下来应该从何入手？

很简单，现在你就可以沿着自己的旅程前进。迈开第一步，或者第一百步——如果你已经走了这么远。要知道，我们无须穷尽一生刻意去寻求幸福、真爱、喜乐、觉悟或人生的回报，当下的行动便已足够。当你采取行动时，"宇宙"会帮助你前行。调整到你当下觉得合适的状态，倾听内心的声音，更多地感知内心的自己，这就足够了。

人生之旅模型关键术语汇编

接纳(acceptance)：顺其自然，接受挑战。开放心胸，从内在和外在世界获得信息，并以不对抗的态度采取行动。接纳是一种方法，它使我们的内心得以成长。接纳外在世界发生的一切，接纳生命中所有的改变和挑战。

事故(accidents)：在外在旅程中可能遭遇到的身体伤害或经济损失。有时它是一个转机，促使我们走上内在旅程。

觉悟(awakening)：烦恼的止息和一种极乐的状态。我们可能会自然而然地醒悟，认识到真实的自己。另一种情况是，我们有意识地使“自我”身份识别不再附属于外在世界的任何事物，从而实现觉悟。

认知(awareness)：使我们得以认识自己和周边世界的直接感知能力。在内在人生中，认知更多地关注超越理智和“自我”的“真我”。认知是因人而异的。

出生/死亡(birth/death)：我们出生为血肉之躯，并终将以肉身死亡的形式离开尘世。

外在的挑战(challenges, external)：我们在外在世界中可能遭遇到的困难，例如突发事故、工作上的难题、人际关系的摩擦与冲突等，也可能是两难的抉择。

内在的挑战(challenges, internal)：内心世界所遭遇的困境，提醒我们需要做出改变或继续成长。“宇宙”不断提出挑战，帮助我们成长、前进。我们一开始未必能够理解挑战，可能要过一段时间才能认识到它的含义和重要性。同样地，它也可能是难以做出的抉择。

抉择(choice)：我们可以选择过内在人生，或外在人生。

意识(consiousness)：见认知。生活在内心世界中即清醒地生活，时常感知自己和周围的环境，胸怀开阔，乐于接收来自“宇宙”的提示。意识是连续不断的，认知则因境遇而不同。

危机(crisis)：一系列为我们带来压力的事件，我们可以将之理解为来自“宇宙”的信息，提示我们应该做出改变。我们可以拒绝接纳危机，使自己面临更大的阻力；

也可以顺其自然，采取不对抗的态度，接纳危机，并开始走上内在人生。

“自我”(Ego)：自我意识/自我身份识别，相对于“真我”是错误的意识。我们对自己、对“我是谁”、对自己的身份所持有的想法。

消极情绪(emotions, negative)：在外在人生中，如果我们与“真我”隔离，便会形成消极情绪。如痛苦、悲伤、恐惧、愤怒、沮丧、嫉妒、羡慕。

积极情绪(emotions, positive)：如果我们顺其自然，在内在人生中听从内心的召唤，追随自己的使命，就会形成积极情绪。如爱、欢欣、极乐、希望、感恩、信任、乐观。

外在的空虚(emptiness, external)：如果我们在外在世界中拼尽全力追逐自己的目标而未能如愿，内心就会感到空虚、不满足，失去人生的意义和根本使命。

内心的虚无(emptiness, internal)：体验超越“自我”的真实存在。它空无一物，是一种纯粹的能量。连接内心的虚无与能量，能为我们带来全然的满足。

能量(energy)：存在的本源就是纯粹的能量。能量可能是无形的，但它体现于各种物体、情感和行动中，蕴含于所有生命中。

兴奋/欢愉(excitement/pleasure)：通常与幸福相混淆。兴奋和欢乐不能持久，仅存在于眼前(如吸毒、性行为和酗酒)，兴奋过后，空虚又会卷土重来。

恐惧(fear)：对危险或其他不利后果的预感。它会使我们在生活中却步不前。如以往的失败所引起的恐惧，或害怕失去自己(“自我”)。

顺其自然(flow)：踏上自己真正的旅途，喜欢自己所做的事情，允许事情自然而然地发生的感觉。了解宇宙的自然规律，循序渐进、快乐喜悦地与之和谐共处。

未来/过去(future/past)：在外在世界中，我们或者寄望于未来的收获，或者生活在过去，受制于以往的失败、想法和经历。

隔阂(gap)：我们对外在世界的需求和内心真我的需求之间的距离。内心世界和外在世界的距离。理智和心灵之间的距离。距离越大，痛苦越多；距离越小，痛苦越少。

神(上帝)(God, external)：观念上和具有象征意义的神化偶像(如天堂里注视着我们的蓄须男子，即耶稣)。不同的宗教以不同的方式描绘和敬奉心目中的神。

道(真理)(God, internal)：普遍的真理。与“宇宙”完整合一。最根本的真理，一切生灵都是同源的存在。

幸福(happiness)：恒久的幸福源于与“真我”的联结。我们以为自己无法得到永恒的幸福。然而，随着我们更多地听从内心的指引，超脱于外在世界，我们的内心就会涌现更多的幸福。

疗愈(healing)：重建与真我的联系。通常是一个情感极其脆弱的时期。弥合隔阂即一个疗愈的过程。

健康(health):顺其自然地过内心的生活,较少出现消极情绪,从而更有机会过上健康的生活,保持健康的身体。

疾病(illness):身体上或心理上的不适,存在于外在世界。内心的抗拒和消极情绪增加了患病(如癌症)或发病的可能,使身体饱受折磨。

直觉(intuition):来自内心"真我"的信息或提示。每当碰到挑战时,我们的直觉会指引我们走上正确的方向。在理智上,它未必讲得通,但我们心里面觉得它是正确的。

外在人生(journey, external):生活在外在世界中,追求外在的事物。很多人枉费数十年的宝贵时光,仅仅关注外在人生,在后半生才意识到,自己所追求的事物并不能带来满足感。

内在人生(journey, internal):内在人生充满着快乐,指引我们实现人生目标。没有人能够为我们描绘内在人生,我们只能自己去发掘。

通过认知学习(learning, through awareness):在内心世界中,我们从经历和认知中学习。我们只有通过实践和直接的经历才能获知深刻的见解,它们是无法身教言传的。认知因人而异。

通过知识学习(learning, through knowledge):在外

在世界中，我们通过获取信息来学习。我们以为自己知道得越多，就会变得越成功。知识是有普遍共性的。

放下/放手(letting go)：见接纳(acceptance)。

人生(life)：包括内在和外在世界，也指我们碰到的影响人生之旅的事件和生活环境。

人生的回报(life reward)：当我们走上内在人生时，"宇宙"自然会为我们安排合适的人和各种各样的体验，如内在的幸福、真实的爱和令人愉快的工作等。在人生之旅中，所有这些都会自然而然地来到我们身边。

"假"爱(love, false)：在外在世界中，恋爱关系建立在我们对对方的欲望和需求上。我们找不到合适的人，因为我们没有开放胸襟以接收信息，没有追随内在人生。"假"爱是"自我"对对方的欲望和需求。

真爱(love, true)：真爱是理智所无法解读的。当我们追随内在人生时，合适的人会进入我们的生活，从而使我们得以感受真实的爱。真爱把我们的恐惧、疑惑和看法一扫而空，使我们开放自身，为对方付出。真爱是完整合一。双方的能量相连接，互相完善，融为一体。

外在人生使命(mission, external)：毕生追求理性的目标。外在的目标(如当一名律师、心理学家或公司总裁)由社会所设定，并由社会评判。人们错误地认为，达到外在的目标会为自己带来满足、欢乐和幸福。当公司总裁或律师可能仅仅出于金钱的考虑。

内在人生使命(mission, internal):我们与生俱来的使命,我们生命中的真正目标。这个目标并非由外界强加于我们,它只能够由我们自己去发现。为内在使命而努力将为我们带来满足、欢乐和幸福。在有意义的人生目标指引下,公司总裁或律师都是符合内在人生使命的真正目标。

外在动力(motivation, external):动力仅仅来自外在世界。受外界所激励的人所做的事情与自己的本质和目标背道而驰,因而需要外力来推动他们前进。外在的动力是短暂的,需要不断激发。

内在动力(motivation, internal):动力来自内心世界。动力源于人们内心中对工作和生活所充满的热情。内在动力天然存在,并且长时间有效。

合一(oneness):与内心“真我”及“宇宙”完整合一。听从内心,精神与灵魂和谐统一。我们在内在人生走得越远,就越能体会到合一。

痛苦/烦恼(pain/suffering):执著于拥有的东西(如某些物品)及自己的恐惧使我们经受痛苦和烦恼。痛苦和烦恼可能来自精神上、情绪上和身体上。当我们远离了真实的自己时,这种情况就会发生。如果我们没有妥善处理以往的感情问题或冲突,就会感受到痛苦和烦恼。

当下(present):内在人生所体验到的当前一刻。活在当下,就会享受每一天。虽然我们的工作是为了实现未来的目标，但我们并不担心未来将如何发展，我们相信一切自有安排。

目标(purpose)：见“使命”(mission)。

抗拒(rejection)：“自我”拒绝接受世界的原状。拒绝改变(例如面对令人不满的职业，处理不愉快的关系)，拒绝接受发生的事情(如事故或死亡)，或拒绝别人的建议。

虚假的自我(self, false)：见“自我”(Ego)。

内心的“真我”(self, inner)：见“心灵”(sprit)。我们内在的本质，我们真正的本性。

分离(separation)：与真实的自己切断联系的感觉。当我们感到分离时，我们在外在世界中寻找自我的身份、有效的验证、他人的认同以及成就感。然而，这些都只能在内心世界中找到。隔离越大，我们感受到的痛苦就越多。

心灵(spirit)：真正的自己和内在的能量，为我们的身体注入活力，联结着更崇高的神圣源泉。

外在成功(success, external)：获得名誉、权势、财富和其他社会认可的一切。我们所追随的是外在世界所展示的事物，而不是“宇宙”所展示的事物。外在成功是短暂的，空虚感和取得更多成功的欲望迟早会相伴而来。

释然(surrender)：放下/放手，允许事情自然而然地发生。踏入未知领域，无从预计未来。通常这看起来很可怕,因为我们觉得会对自己和生活失去掌控。释然并不意味着放弃或屈服于他人。

想法(thoughts):心理活动的结果,用于指导外在世界的生活。例如,当面对挑战时,我们相信理智做出的某个合理的决定就是唯一正确的选择。

不确定性(uncertainty):当我们接纳所发生的,追随直觉,所面对的无法预计未来的状态。安于事物的变幻无常为我们带来完全的自由。“宇宙”将帮助我们,并满足我们的不时之需。

无意识(unconciousness):不知道生活中除了外在世界之外还有内在的世界。依附于外在世界的人们不会有意识地支配生活,如同跟随导航仪的指引机械地生活。

烦恼(unhappiness):消极情绪的一种。当我们远离真实的自己,转而追寻外界某种事物时,它就会出现。随着滞留于外在人生的时间越来越长,我们会变得越来越烦恼。我们通常并不知道烦恼的原因。

“宇宙”(universe):见“道(真理)”(God,internal)。浩瀚的造物,更崇高的力量。远比人类思维能够理解的知识更广泛、更深远。

外在的需求和欲念(wants and needs, external):我们渴求从外在世界获得财富、名车、豪宅、名誉、地位、刺激和娱乐等,以满足我们的空虚感。

内在的需求和欲念(wants and needs, internal):灵

魂得以真实表达，及为他人付出（如爱、激情和毅力）的表现方式。由内而外发挥作用。

外在世界（world, external）：客观现实的世界，物质科学的世界。我们所熟悉、亲眼所见的周边环境，如我们的房子、车子、服饰、财富和工作。

内心世界（world, internal）：主观现实的世界，精神生活的世界。它是无形的，是内在体验的世界，连接着“宇宙”、能量、幸福和心灵。由于内心世界没有具体形态，我们会认为它没那么重要，或认为它不真实。

更多信息

亲爱的读者朋友可以通过电子邮件 raf. adams@rafadamscompany.com 与我联系，获取更多信息。欢迎大家提出任何意见、建议和问题。本人也提供预约演讲、公司讲座、公众工作坊和高管教练等服务。我的梦想是帮助、启迪他人遵从内心的指引，走上自己的旅程，使世界变得更美好。

请浏览 www. rafadamscompany.com，以获取更多关于《都市行者》工作坊和真实领导力企业工作坊的信息。

真实领导力企业讲座

我们为高级行政人员和领导者准备了一整套工具，帮助他们更快乐地工作与生活。您将学会怎样引领自己，提升工作效益和目标。高级经理人工作坊融入了来自实践的智慧和21世纪自我管理技巧，同时也提供高管教练服务。

"都市行者"工作坊

该工作坊立足于精神层面，内容朴实，旨在帮助大家重新评价自己的人生之旅。侧重于自我发现和自我反思的过程，以求更好地理解生命的真实意义和使命，您将学会如何奠定永久快乐的基石。

白瑞夫项目

我们旨在建立一个世界范围的平台，为个人的人生之旅提供帮助。人生中有很多深刻的问题，诸如爱、生命、幸福、欢乐、人生的意义和使命等，我们乐于为您提供能够经受时间考验的答案。这是一个非营利的项目，旨在帮助人们解答关于生命的问题。欢迎与我联系：raf.

adams@rafadamscompany.com。写下您关于生命的疑问，我会把答案发送给您。我们希望借此项目，使每个人生活得更快乐、更有意义，世界也因此变得更加美好。

白瑞夫(Raf Adams)

2013年1月于上海

图书在版编目(CIP)数据

都市行者——穿越人生的线路图/〔比〕白瑞夫(Adams,R.)著;郑晗译.
—上海:复旦大学出版社,2013.1
书名原文:The Suited Monk—A guide to life purpose and happiness
ISBN 978-7-309-09423-7

Ⅰ.都… Ⅱ.①白…②郑… Ⅲ.幸福-通俗读物 Ⅳ.B82-49

中国版本图书馆 CIP 数据核字(2012)第 319865 号

都市行者——穿越人生的线路图
〔比〕白瑞夫(Adams,R.)著 郑 晗 译
责任编辑/孙程姣

复旦大学出版社有限公司出版发行
上海市国权路 579 号 邮编:200433
网址:fupnet@fudanpress.com http://www.fudanpress.com
门市零售:86-21-65642857 团体订购:86-21-65118853
外埠邮购:86-21-65109143
常熟市华顺印刷有限公司

开本 787×1092 1/16 印张 11.25 字数 94 千
2013 年 1 月第 1 版第 1 次印刷

ISBN 978-7-309-09423-7/B·456
定价:28.00 元
